2022年版

yasuhisa shimashita

間違いだらけのクルマ選び

草思社

はじめに

今、スーパー耐久シリーズ最終戦が行われている岡山国際サーキットのパドックで、この「はじめに」をしたためている。コースでは、今年の富士24時間耐久レースから走り始めたトヨタの水素エンジンを積んだカローラ・スポーツをベースとするレーシングカーが順調に走行中である。

水素を内燃エンジンで燃焼させて使う、このエンジン。使われている水素は福島県浪江町のプラントで太陽光から作られたものを筆頭に、大分の地熱、福岡の汚泥由来のもので、運搬にもバイオディーゼル車が使われている。つまりカーボンニュートラルでレースをしているのだ。

この水素エンジン車、私のYouTubeチャンネル「RIDE NOW」で取り上げたら物凄い反響で驚いた。皆、この先の未来にもエンジン音のするクルマに乗れることを歓んでいるのだろうと最初は考えたが、実はそれだけでも無さそうである。急速なBEVシフトの流れに、何やら作為的なものを感じて拒否反応が出ている。どうやら、そういうことじゃないかと思えてきたのだ。

実際、いつかはBEVが乗用車の主流になるだろう。しかし、それが数年ですぐに可能なわけではないことは明らかだ。国内のバッテリー供給量は圧倒的に足りないし、それならばと輸入に頼れば日本の雇用が失われる。更に、そうまでしても出来たクルマは価格が高く、航続距離が短く、充電に時間がかかる上にインフラは絶対的に不足している。寒ければ航続距離が短くなり、しかもバッテリーリサイクルのプロセスは確立されていない。まして肝心なことに、日本の電源構成では、今のままクルマをＢＥＶに置き換えてもCO_2削減には繋がらないのである。では一体、誰のため？

ヨーロッパ、そしてアメリカが熱心なＢＥＶシフト。誰に焚き付けられたのか日本政府も一時はその方向に邁進していたが、政権交代で流れが変わったようだ。ＣＯＰ26で岸田首相は「自動車のカーボンニュートラル実現に向けた、あらゆる技術の選択肢を追求」すると発言した。具体的には、2兆円のグリーンイノベーション基金で「次世代電池やモーター、水素、合成燃料の開発を進める」と、ＢＥＶ一辺倒ではない道筋を示した。本来の目的がカーボンニュートラルであるならば、技術をＢＥＶひとつに絞る必要は無い。まだ決定打を欠いているのだから、色々な可能性を試していけばいいだけの話。それでこそ技術は磨かれていくというものだろう。

これから先、新しいチャレンジが様々なかたちで行なわれると考えたら私は楽しみで仕方が無い。水素や合成燃料によって、大手を振って高回転型エンジンを楽しみ続けることができるなら、こんなに嬉しいことはない。水素はエンジンでもいいし、もちろん燃料電池でもいい。航続距離が長く、しかも充填時間は短くて済む燃料電池のＳＵＶが出たら、ぜひ乗りたいと考えている。

もちろんＢＥＶの技術進化にも、ますます期待したい。何しろ、ここには大きなチャンスがある。テスラ・モデルＳの登場以降、プレミアムカーセグメントの様相は一変した。肝心なのはユーザーにとってこのセグメントのＢＥＶは、環境云々以上にまず新しい歓びをもたらすパワートレインだということだ。ヨーロッパのプレミアムブランドは、すでにそこに気づいている。

たとえばメルセデス・ベンツはカーボンニュートラルとはまったく別の視点で、電動化を活用している。Ｆ１のバッテリー技術を活用したＰＨＥＶスポーツカーだったり、ＢＥＶ版のＧクラスだったりと、彼らはこの状況を楽しんでいるかのように矢継ぎ早に商品を送り込んできているのだ。

私としてはレクサスあたりに、度肝を抜くようなＢＥＶでここに殴り込みをかけてほしいと思っている。長らく日本メーカーは、世界のプレミアムブランドに対して歴史が浅いのが課題だと言われていたが、実は電動化の時代には、そんなものをすっ飛ばして戦えることをテスラが証明したからである。思えば、先代ＬＳにはＶ型８気筒５・０Ｌエンジンと大出力電気モーターを組み合わせたＬＳ６００ｈが用意されていた。つまりは、そういうことである。

こうやって正しく喧嘩していけば、切磋琢磨が進むだろう。そう考えると、電動化でクルマがつまらなくなるとは、やはり思えない。むしろ、これからもっと面白くなる気がしてならないのだ。

今回からページ構成を少し変えて、今や乗用車の主流であるＳＵＶをセダンより前に置いた。また、ＰＨＥＶはＥＶやＦＣＥＶなどから切り離して、それぞれのモデルの中に組み込んでいる。

この『間違いだらけのクルマ選び』も時代の変化に合わせて、変えるべきところはどんどん変えていけばいい。但し、読者諸兄にクルマ選びを思い切り楽しんでもらいたいという思い、クルマの将来にともにいい夢を見ていきたいという希望は、まったく変わっていないつもりである。

２０２１年11月

目次

2022年版 間違いだらけのクルマ選び

PART 3　車種別徹底批評（国産車）　103

PART 4　車種別徹底批評（外国車）　237

本文デザイン・図版トレース　Malpu Design

PART 1

2022年版特集

▷第 1 特集
ホンダはどうなるのか?

▷第 2 特集
スポーツカー大国ニッポン

▷第 3 特集
やっぱりVWゴルフ

＊各車のサイズ、エンジン性能、価格等を写真の下に表記した。
表記されているどの情報も、原則として2021年11月現在のものである。
価格は消費税込みの車両本体価格を1000円未満四捨五入で表記した。
●【全長】×【全幅】×【全高】／【ホイールベース】／【車両重量】●①【総排気量】，【エンジン形式，ヴァルブ形式】，【最高出力】／【回転数】，【最大トルク】／【回転数】，②…… ●【トランスミッション形式】●【駆動形式】●【価格帯】
ハイブリッド車（HV）、プラグインハイブリッド車（PHEV）、電気自動車（EV）、燃料電池車（FCV）などについては適宜、モーターの形式と出力、電池容量、水素タンク容量、航続距離などの情報も記した。

＊著者主宰のYouTubeチャンネル「Ride Now」と連動し、論評する車種の試乗動画を閲覧できるようにした。掲載のQRコードをスマートフォンなどでスキャンすると動画が見られる。

Ride Now https://www.youtube.com/c/RideNow

ホンダはどうなるのか？

一連の発表・宣言は、英断か？ 迷走か？

ホンダの２０２１年は驚きから始まった。３月にはレジェンドに搭載されて世界初のレベル３自動運転技術「ホンダセンシング・エリート」が登場、クルマの未来への新しい扉を開いた。４月には新型ヴェゼルが登場し、瞬く間に多くのバックオーダーを抱えるヒットに。更に、参戦最終年を迎えたＦ１世界選手権も開幕戦ポールポジション、第２戦で優勝と、悲願のワールドチャンピオンに向けて、今年こそはと期待できる滑り出しを見せた。様々な方面で、皆をワクワクさせたことは間違いない。

一方で３月にはＳ６６０の生産終了が発表された。更に、時系列は前後するが８月にはＮＳＸも、やはり販売が終了することが明らかにされる。ミッドシップスポーツカーが大小２モデルあったこともスゴいが、それがいっぺんに販売を終えるのだから、ガッカリ度も二乗で襲ってきたわけである。

４月には三部敏宏新社長が就任。そこで行われた就任会見では、また違った驚きが待っていた。２０５０年カーボンニュートラル実現を目指して、２０４０年に世界販売のすべてをＢＥＶ（バッテリー電気自動車）とＦＣＥＶ（燃料電池自動車）にすると宣言したのだ。エンジンのホンダの、エンジンとの決別である。

その後、６月に入ると今度はオデッセイ、レジェンド、クラリティの生産終了が発表される。オデッセイはホンダの一時代を支えた存在であり、何より半年前に大掛かりな改良を行なったばかり。レ

第1特集

ホンダ 目次

ジェンドも、まさにホンダセンシング・エリート搭載車が台数限定とは言え発表されてすぐの話である。更に、クラリティの生産終了は、すわＦＣＥＶ撤退かと不安を抱かせることとなった。

斯様に２０２１年のホンダは、年明けに嬉しい驚きをいくつもたらしたかと思えば、その後には一転してユーザーを大いに困惑させ、不安にさせたのだと言っていい。さて、このあとホンダは一体、どこへ向かおうとしているのだろう？

今回、巻頭ではそんなホンダの今を網羅して整理して、掘り下げてみたいと考えた。まずは電動化を踏まえた未来について聞き、ラインナップを改めて検証し、ビジネスの現状を俯瞰するというかたちで進めたいと思う。

「創意工夫、独立独歩、これをつらぬくにはたゆまぬ努力がいるし、同時に、ひとりよがりに陥らぬための、しっかりした哲学が必要となる。」

本田宗一郎語録にある有名な言葉のひとつである。ここから果たしてホンダの哲学、透けて見えてくるだろうか。

「電動化はゲームチェンジのチャンスと思ってます」

ホンダの未来が気になる、不安だ、心配になるという人は、きっと今、少なくないはずだ。三部社長がぶち上げた電動化は大きなインパクトをもたらしたが、その後には特にそれに関する発信がなく、こちらとしてはモヤモヤするばかり…。

そこで直接、ホンダはどこに向かおうとしているのか聞いてみることにした。答えてくださったのは本田技研工業株式会社電動事業推進室ビジネスユニットオフィサー・シニアチーフエンジニアの岡部宏二郎氏。今後の電動車の事業・商品を統括する責任者である。

島下　電動化について、2050年カーボンニュートラル実現を目指すためには待ったなしだったと三部社長が会見で話していたのは納得しているつもりです。そこでファンが、あるいは世間が知りたいのは、ホンダは電動化シフトの中でどんなクルマを作っていくのか、どんなブランドになろうとしているのかということではないでしょうか。電動化は単なる手段。目的をどこに見定めているのでしょうか？

岡部　ホンダが今まで積み上げてきたモビリティによって移動する楽しみを提供する、生活を便利にするというところは変わらず持っていたいと思います。しかし環境や安全の問題が出てきて、内燃機関も続けられなくなって、今までの自動車産業以外の企業も入ってくるようになってきた。ある意味、産業の障壁は無くなったわけで、私たちも既存の考え方、手法を変えていかないといけなくなってきました。

今まではクルマをモノとして作り、販社さんに渡してというかたちだったわけです。でも、これからはモノというより豊かな時間を提供するブランドになっていきたいと考えています。

岡部宏二郎氏
**本田技研工業株式会社電動事業推進室
ビジネスユニットオフィサー
シニアチーフエンジニア**

1999年(株)本田技術研究所入社、衝突安全研究開発に携わる。2009年、先行プラットフォーム構造研究を経て、先行商品企画に携わる。2011年に初代ヴェゼル車体研究領域のプロジェクトリーダー、2013年にMMC完成車性能領域責任者(ALPL)を経て、2015年MMC商品開発責任者(LPL)に就任。2017年、新型ヴェゼルの商品開発責任者(LPL)に就任。2021年4月、四輪事業本部事業統括部中型モデルビジネスユニットオフィサーに就任。2021年10月、現職就任。

例えばアップルだと、生活がアップル製品に囲まれるようなかたちになりますが、クルマだけだと触れるのは1日の24分の1くらい。売るだけでは無理があります。今まではクルマありきで、そこに何を載せるかでしたが、今後はプラットフォームを下にして、その上にコンテンツとしてモビリティがあり、トータルでホンダがライフラインを提供していくというような総合サービス提供企業になっていくイメージです。

島下　クルマが単なる移動手段ではなく、モビリティというコンテンツのひとつとなっていく。ホンダはそのプラットフォームを作るかたちですか?

岡部　クリエーターが集まって、オープンプラットフォームで皆で一緒に楽しめるものを作りませんか、という風にやっていきたいねと議論をしてます。

自動車業界同士よりは異業種との組み合わせのほうが却っていい。餅は餅屋で、我々は安全、環境対策をやりながら楽しいモビリティを作る。そしてネットワークコンテンツみたいなのはエンターテイメント系が得意なところが担うといった具合に。

島下　そうなるとクルマというハードウェアに求められるものも変わってきそうですね。単にパワートレインが変わるというだけには留まらずに。

岡部　今のクルマの内燃機関を電気モーターに替えたものを出す気は全然なくて、オープンなベースのプラットフォームを作って、ハードもソフトも拡張性のあるモビリティを作っていきたい。まだ、ちょっと抽象的ですが。また、ＢＥＶはバッテリーのコストも大きい。売り切りで提示するのは難しくなってくるので、提供の仕方も変わってくると思います。

島下　プラットフォーマーに徹してしまうと、ある意味でホンダは脇役になる。そうすると「らしさ」どころではない。一方、異業種との連携も視野に入れるならば、プラットフォーム自体も含めてホンダの「らしさ」が求められる、とも言えます。将来のホンダらしさとは、一体何になるんでしょうか？

岡部　ハードへのこだわりは無くしたくない。選んでいただくＢＥＶがホンダらしいと思ってもらえないとダメだと思っているので、操る楽しさと使う便利さの2軸を失いたくないですね。ＮＳＸタイプＳの四輪の電動駆動制御みたいなものは、ＢＥＶにも必ず活きる。そういうホンダとしてのフィロソフィは横串を通しておく必要があります。ですからスポーツカーを無くすつもりはないし、ユーティリティもユニークな部分はハードとして持ち続けたい。

　一方で拡張性と言ったのは、電動車であるメリット、ＯＴＡのメリットを踏まえてのこと。ホンダとしてリコメンドするものを出します。でもユーザー各々に合わせてセッティングを変えたり、それをＯＴＡで、例えば「これが島下セッティングです」みたいに世に出していくこともできるわけです。

　こんな風にホンダとしての軸の提案はしつつ、もう少し文化が広がってファンが集って、皆で作り上げていくブランドになっていくといいんじゃないかなと思っています。お客様というよりファン。応援したくなる、参加したくなる身近なブランド。皆で作り上げていくブランドですね。

――その意味で言うならば、最近のホンダという感じはしてこないというブランド、あまり身近という感じはしてこないという印象である。フィットのある種のミニマルぶりなどを見ると、都会のオシャレで洗練された価値感に寄り過ぎている感はなくはない。一緒に楽しもうという雰囲気が出ているとは、言い難い気がするが…。

岡部　そうですよね（笑）。ホンダも成長してきて、一度成功するとそれのフルモデルチェンジばかりになってくる。新しいモデルを考えても事業性が良くないと叩かれるから、効率的で真面目なものばかりになってきたのが、この10年ほどかなと思っています。電動化という変革期が来たのは、リセットというかブランドの立ち位置を整理するいいタイミングかもしれません。

島下　リセット。なるほど、それは大きいですね。

岡部　組織が変わりますし、パワートレインと車体の区分けだって無くなってきますよ。今まで内燃機関、排ガス、冷却の部署が別だったのが、分ける必要が無くなります。これは一例ですけど。考えるにはいいチャンスでしょう。

ホンダは一生懸命パッケージングを追求してきたけれど、BEVではそこも差別化できない。モーターは好きなところに置けばいいし、ロングホイールベース、ショートオーバーハングもすぐできちゃう。差が出ない。それから、ややもすると自動運転でゆったりとしたリムジンでお茶飲んで…みたいのがすぐに出てきますけれど、それはイヤだと。アレだけになってしまったら私たちは居る価値がない。僕らの存在価値はなんなのかというところです。

こないだ鷹栖プルービンググラウンドでNSXタイプSに乗ったんですが、あれだけのスーパースポーツなのに普通に怖くなく乗れるものを出せるのは、やはりスゴい価値だと思いました。ああいうものを出していける技術、クルマを作れる力は、受け継いでいかないと。部品があれば組み上げることはできるけれど、それだけではクルマにはならない。ちゃんとクルマを作れるブランドでありたいですね。

島下　その意味ではホンダ車、クルマ単体ではどういうものでありたいと考えているんでしょうか。

岡部　その表現が難しくなってきているんですよね。前はやはり内燃機関だったと思います。官能的というか、今のテスラに近い驚き〝ワオッ！〟があった。あとは初代シティみたいに今まで見たことがないものを出してきたり。「こうなったらいいよね」を独創的な技術で実現してきたのがホンダだと思います。

一方で今、技術は限界に達してきて、エンジンも規制で差別化が難しくなってきている。そんな中で電動化はゲームチェンジのチャンスだと思っています。部品が少なくなってくるけど、発想は自由にできる。バイ・ワイヤなどがうまく使えたら、例えばペダルを無くしてスイッチだけでもいいし。「えっ、こんなの出しちゃっていいの？」という、既成概念では作れなかったものを新たな発想で出したいなと。それは、ソフトウェア領域も含めて考えていきたいなとも思います。

島下　ホンダがトンガッたことをというと、すぐにタイプR的な方向に行きがちですが、私にとってのホンダは例えばワンダーシビックで。文武両道でオシャレでモテる、慶応ボーイ的な存在感かなと思っているんですが、今それが足りない気がするんです。

岡部　ワンダーシビックは確かに今見てもすごく斬新で、インストゥルメントパネルなんてすごくシンプル。ＨＭＩも今に通じるものがあって。今、やっと原点に戻った気がしています。同じことをやるのではなく、同じような気持ちを今の時代にあった方法でどう表現するか。方向は決まってきたので、これからは早めに発信をしていきたいと思っています。実際に出るまで何も言わないのでは、この企業がどこに向かっていくのかが伝わらないですから。

島下　ユーザーやファンは皆モヤモヤしていると思います。電動化に思い切り舵を切るとは言ったけれど、そのあと特に発信もなく、実際どうやってそこに向かっていくのか見えていないと思うので。

岡部　２０２２年には内燃機関バリバリのシビックタイプＲもあるし、ｅ：ＨＥＶも出てきます。海外の位置づけで見たら何をやっているのかと見えるかもしれないですが、目指すのはカーボンニュートラルであって電動化ではないですから。その辺も含めて、整理して発信していく必要はありますね。

日本では、HEVでまだ色々やりたいと思っています。HEVはもっと良くなりますよ。2022年に出すやつも、実はその次のもすごく良い。BEVで、環境車も楽しいよと示してみせたのはテスラの功績だと思っています。ホンダとして、HEVも環境車だけど楽しいよと言いたいですね。

――ここまでお話をうかがって思ったのは、電動化はホンダという会社の若返りに繋がるのかもしれないということ。まだ商品として具現化はしていないけれど、面白そうだなと思ったらやるという感覚は、とてもホンダらしいじゃないかと感じたのだ。

岡部　今までは言ってみれば古い人の古い組織で、この先どこに行くかが見えなかった。今も手法はまだ悩んでいるが、行く方向性は定められたかなと。これを機に変えようとしているので、良い方向には進んでいると思います。若い人もどんどん登用しているんですよ。私は車体設計出身ですが、電装系の子たちには今こう言うんです。「これからは主役は君たち。ハードウェア屋は君たちのために居るんだよ」って（笑）。もちろん、ハードのこだわっていくところもきっちりやっていくんですけれどね。

やっぱりクルマを残していきたいですから。環境、安全など色々あるけれど、じゃあクルマなんて無くなればいいというのでは寂しい。サステイナブルに、移動する楽しさを提供できる企業でありたいですね。

今は苦しいけれど、突き抜けたら楽しいことが起こりそう。このタイミングでインタビューに応じてくださった岡部氏の言葉の端々からは、そんな空気が感じられた。ああでもないこうでもないと皆で一緒に模索していくホンダ特有の〝ワイガヤ〟感が、電動化で久しぶりに戻ってきた感じ。この勢いなら、電動化によってこれまで考えてもいなかった面白いクルマが、モビリティが生まれてくる。そう期待してもいいかなと思わせたのである。

NSXタイプS
もの凄い進化ぶり。なくなるのが本当に残念……ホンダ

デビューからたった5年で、2代目ホンダNSXが生産、販売を終了することになった。その最後のモデルとなるのが世界350台、国内30台の限定となるNSXタイプSである。

最後まで手を緩めることなくパフォーマンス向上を果たしてきたこのタイプSは、まず大掛かりなデザイン変更に目が行く。とは言え、開口部が拡大されたフロントマスクは、あくまで冷却性能向上が主眼。フロントリップスポイラー、リアディフューザーも風洞実験、実走行を積み重ねて作り上げられた、機能から導き出されたデザインだ。

後輪を駆動するV型6気筒3・5Lツインターボエンジンに1基の電気モーターを直結し、更に左右前輪に各1基ずつの電気モーターを組み合わせた計3モーターの〝スポーツハイブリッドSH－AWD〟の基本システムは変わらないが、システム最高出力は従来の581PSから610PSへと向上している。シャシーは、新たに専用開発のピレリP ZEROタイヤが履かされ、ホイールの変更でトレッドもワイドに。そして、磁性流体式のアクティブダンパーシステムも、減衰力可変幅が拡大されている。ハードウェアの変更はこの程度である。しかしながら自由に海外と行き来できない分、ホンダ自身が〝ニュルブルクリンクの厳しさを凝縮した〟と言う鷹栖プルービンググラウンド、そして鈴鹿や筑波といったサーキットで徹底的に走り込んで煮詰められた走りは、まさに感動モノと言っていい。

まず感心させられたのがパワーユニットだ。バッテリーの出力アップ、そして使用可能範囲の拡大によって、電気モーターだけで発進する際のアクセルのツキが鋭さを増しているし、EV走行時間も伸びている。これだけでも、まずニヤリとさせられたが、エンジン始動後の迫力も従来より一枚上手。電気モーターの出力向上のおかげか、回転上昇の勢いはパワーアップの数値以上の迫力を感じさせ、トップエ

▶NSX タイプ S

●4535mm×1940mm×1215mm/2630mm/1790kg●3492cc, V6DOHCターボ, 529PS/6500-6850rpm, 61.2kgm/2300-6000rpm, フロントモーター(2基):交流同期電動機, 27kW(37PS)/4000rpm, 7.4kgm/0-2000rpm, リアモーター:交流同期電動機, 35kW(48PS)/3000rpm, 15.1kgm/500-2000rpm●9DCT●4WD●2794万円

ンドまで一気に回り切る。これは楽しい。まさにハイブリッドの長所がうまく活かされ、迫力と小気味良さをうまく両立させた仕上がりは、徹底したチューニングの賜物に違いない。

そして唸らされたのがフットワークである。ゆっくり走らせていても、車体の跳ねが減り接地感が濃厚だというのが最初の印象。特に旋回時には従来の外輪に寄り掛かるような感覚が消え、4輪がべたっと路面に張り付いているかのように安定している。

スポーツハイブリッドSH－AWDの制御も磨き上げられた。特にSPORT＋モードでは、左右別々の電気モーターで駆動される前輪のトルクベクタリングにより面白いようにノーズがインに向き、そしてアクセルを踏み込めばコーナーを抉（えぐ）り取るように加速していく。TRACKモードではそこまで強烈ではないものの、やはりS字やシケインの切り返しは最小限の舵角でクリア。そしてアクセルを踏み込めば、リアが蹴り出しつつもフロントが絶妙に引っ張って安定させる、気持ち良く速いコーナリングを満喫できるという次第で、スリリングなハイスピードコースを思い切り堪能できたのだ。

登場当初の2代目NSXは、目玉の技術であるスポーツハイブリッドSH－AWDによって異次元のコーナリングを見せつける一方、それを違和感と取る向きも少なくなかった。それを受けて2019年モデルは自然な感覚に近づいたのだが、特性を見極めればめっぽう楽しめた初期型を気に入っていた私は正直、面白さが薄まったかなという気もしていた。

それがタイプSでは、意図しない動きは極力抑えながらもスポーツハイブリッドSH－AWDの美点がフルに活かされた走りが、遂に具現化されていた。まさに究極、理想の姿を手に入れたのである。

せっかく、こんな風に走りの楽しさの新たな境地まで達したというのに、その途端に店じまいとは本当に残念と言うしかない。せめてこの駆動力制御技術、次の電動ドライブ車両にすぐに引き継いでほしいところである。そうすれば2代目NSXも、生まれた意味があったということになるはずだ。

シビック………………ホンダ
原点回帰の良さ◎。HEVやタイプRにも期待

初代の登場が1972年だから、2022年でいよいよ50周年を迎えるシビックが、節目の年を前にフルモデルチェンジを行ない通算11代目へと進化した。これまでセダンだけになったり輸入車になったり、色々と紆余曲折もあったが、新型は寄居工場で生産されるハッチバックのみの設定となる。

この新型シビック、まずはそのデザインの話をしておきたい。正直、最初にオンラインで見た時にはシンプルなその姿、個性的だった先代とのギャップにちょっと退屈かもしれないと思ったのだが、いざ実車と対面してみたら、ガラリと印象が変わった。

ボンネットのピーク高が25㎜下げられ、Aピラーは50㎜後退し、ルーフも20㎜低くなったそのフォルムは、フェンダーの爪折りによって10㎜拡大されたリアトレッドも相まって、一般的なFFコンパクトのそれとは違った存在感を醸し出している。フードが長く見えるのが特に効いていると思うのだが、遠目には良い意味でクラスレスな雰囲気を漂わせる。

広いガラスエリアと薄く軽快なボディの組み合わせは、開発陣曰く3代目のワンダーシビックを意識したという。直接似ているわけではないが、確かにそういう清廉な感じは、ちょっとあるかもしれない。

作り込みも丁寧だ。ルーフとアウターパネルの継ぎ目がレーザー溶接ですっきり処理されていたり、樹脂製テールゲートのおかげで開けた時にスポット溶接の打刻痕が目に入ったりすることが無いのも、精緻な印象に繋がっているのだろう。

インテリアもやはり先代とは打って変わってスッキリとした仕立てである。低く左右に広がったダッシュボードがもたらす開けた視界、メッシュとされた空調ダクトなどのきめ細やかなディテールが、居心地の良さに繋がっている。

見た目の印象は上々。では走りはどうか。今回のシビックはプラットフォームを先代から踏襲しているが、ボディ剛性は徹底的に高められ、サスペンシ

ョンは可能な限りフリクションが抑えられて、スムーズに動くよう設定されている。乗り心地は硬めではあるのだが、安っぽい振動が入ったりしないのは、やはり骨格の良さだ。

これもボディ剛性アップの効果だろう。その静けさに感心させられるところだ。パワートレインの騒音もロードノイズも、そして風切り音もよく処理されているのだが、それより全体に雑味がうまく濾されているという印象の方が強い。

操舵応答性も上々だ。ＥＰＳの制御が刷新されたこともあり、先代にあったフリクション感がきれいに消し去られて、心地よい手応え感の下に切り込んでいくことができる。

この気持ち良いレスポンスには、リアの大幅な接地性向上も貢献しているはずだ。先代は、特に雨でも降ろうものなら、旋回中にグリップを唐突に失って怖い思いをしたものだが、新型は見事に弱点を解消している。一発で自信を持って舵角を決められるのは、そのおかげも大きい。こういう瞬間こそ「おっ、いいクルマじゃない！」と嬉しくさせるのだ。

エンジンは先代と同様の１・５Ｌターボで、ＣＶＴの他に６速ＭＴも用意する。ＣＶＴもマッチングは非常に良く、ストレスの無い走りが楽しめる。ＳＰＯＲＴモードに入れておけば、シフトパドルに触らなくても楽しく走ることができる。

６速ＭＴは先代より縦５㎜、横３㎜ストロークを詰めたということで、剛性感あるタッチが小気味良い。エンジンはピックアップと伸び感を重視した味付けとされ、なるほど４０００rpmあたりから先のパワーの高まり、豪快な吹け上がりが刺激的だ。ターボということで音にヌケ感が乏しいのが惜しいが、それでも隙を見ては回して楽しみたくなる。

ＣＶＴより前輪荷重が30kg軽いのも見逃せないところで、身のこなしは更に軽快だ。ワインディングロードを攻めなくたって、ちょっとしたコーナーの連続でも操る歓びを実感できるフットワークである。

但し、そうやって調子に乗ってペースを上げていくと、シートのホールド感が物足りなくなってくる。

▶シビック

●4550mm×1800mm×1415mm／2735mm／1330〜1370kg●1496cc，直4DOHCターボ，182PS／6000rpm，24.5kgm／1700-4500rpm●6MT／CVT●FF●319万〜354万円

横方向はいいのだが、お尻が前に滑りがちなのだ。また、ＭＴにはアクセルの自動ブリッピング機能があってもいい。久しぶりにＭＴもいいなという人に対する間口、大きく広がるはずだ。

逆にＭＴ大好きな人のことを考えると、クラッチペダルはもう少しダイレクト感があってもいいかもしれない。デュアルマスフライホイールのせいか、現状は踏力は軽い一方、ペタッと適当に繋がってしまって、操る醍醐味を削いでいる気がするのだ。

過去、ワンダー、スポーツ、ミラクル…など色々な渾名（あだな）をつけてきたシビック、今回は日本語で爽快シビックを名乗る。確かにすごく刺激的というよりはあらゆる場面で心地良く、楽しめる、この一緒にスポーツを楽しむ相棒のような感覚は、そういう言葉で表現してもいいかもしれない。

最近のホンダはスポーツと言い出すと、すぐにタイプＲのような体育会的な方向に走りがちなのだが、昔はそんなことはなかったはずだ。それこそワンダーシビックのように、イケメンで勉強も出来てスポーツも軽やかにこなす爽やかなヤツこそがホンダ車だったよなと思うと、新型シビックはまさに今の表現方法で、原点回帰のコンセプトをカタチにしたクルマと言っていい。誕生から50年で、ちょうど1周してここに戻ってきたわけだ。

このシビック、販売は好調だという。登場1ヶ月後のデータで興味をひいたのは20代の購入比率が23・9％と世代別ではもっとも高く、そしてＭＴ比率は35・1％とこちらも高かったことだ。こういうストレートなクルマらしい楽しさが、若い層に響いているというのは、こちらも嬉しくなる。

新型シビックにはホンダも力が入っていて、２０２２年にはタイプＲ、そして2モーターハイブリッドのｅ：ＨＥＶが投入されることが、すでにアナウンスされている。特に楽しみなのがｅ：ＨＥＶ。社内の関係者が口を揃えて「コレは楽しいですよ」と耳打ちしてくるのだ。ホンダ車でそんなのは滅多にないことだから、きっと相当なんじゃないかと期待しているのである。

ヴェゼル

広さ・乗り心地・走り・先進装備。どれも◎

ホンダ

初代モデルの売れ行きが一向に衰えなかったこともあって、ヴェゼルのフルモデルチェンジは実に8年ぶりということになった。実は最初にティーザーでデザインが披露された時のネットなどでの評判は二分していた。先代とあまりに違ったテイストだったからだが、結果的には発売後1ヶ月で3万台の受注を集め、折からの半導体不足、パーツ不足もあって今もなおモデルによっては半年以上の納車待ちになるほどの人気モデルとなったのである。

いわゆるクーペSUV的な仕立てだった先代から一転、新型はラジエーターグリルの存在感を薄めたフロントマスク、手前に引かれたAピラーと、それによって長く見えるボンネット、水平基調のサイドビューにシンプルなディテールなどによって、クリーンでスマートな雰囲気に仕上がっている。N－WGNやフィットなどに続く最近のホンダ車に共通するテイストと言ってもいいだろう。

ちなみにプラットフォームは先代からの継続使用となる。ボディサイズは全長が先代と一緒で、幅が少し広く、背は低くなっている。正直、見た目には随分立派になったなと思ったのだが、実はそれはデザインの力だったというわけだ。

同じ車名なのにここまでガラッと変えてしまうとは驚いたが、当時は少なかったライバルが格段に増えている中で、従来の延長線上のものを出しても埋没してしまうからと当時の開発責任者、冒頭のインタビューに登場いただいた岡部宏二郎氏は話していた。確かにそれはそうだったに違いない。

それこそ先代から8年も経っていれば世の中だって大きく変わってくる。インテリアの作り方にもそれは表れていて、まずは視界が広々としていて開放感があり、造形は奇をてらわずシンプル。しかしながら最先端のコネクティッド機能が備わり、またダッシュボード左右端には、風を拡散して優しく吹き出す〝そよ風アウトレット〟なんてアイテムまで付くなど、細部まで配慮は行き届いている。

先代と変わらないのは、その室内の広さだ。特に後席は同クラスにはライバル不在、ひとクラス上の例えばカローラクロスなどにも負けないゆとりがある。実は居住性を重視してシートは先代よりも少し後方に寄せられ、着座位置も下げられている。当然ながら荷室はその分、容量が減っているというのだが、そもそも大容量を誇っていたヴェゼルだけに、困る人はそうは多くないに違いない。

パワートレインはガソリンもハイブリッドも刷新されている。ガソリン1・5Lは従来の直噴からポート噴射に改められているが、これはポンプやインジェクターの作動音を嫌ってのことだという。もちろんコストもあるのだろう。何しろ今のホンダは電動化押しで、ヴェゼルにはガソリンのグレードはエントリーの1モデルしかないのだ。

主力となるのはe：HEVと名付けられた2モーターのシステムである。普段の走行はほぼ電気モーターでこなし、エンジンは発電に徹する。そして高速走行時にはエンジンで直接タイヤを駆動する。

プラットフォームは継続使用と書いたが、走りの印象はガラッと変わった。先代はとにかくアシが動かず、硬い乗り心地に辟易させられたもの。モデルライフ後期に出たツーリングでは、欧州仕様のボディを得て走りの質が高まったが、それ以外は正直、接地感も薄く安心して走れるクルマではなかった。

それが新型では、しっかりとしたボディにフリクションを低減したサスペンションなどのおかげで、格段に上質な乗り心地を味わえる。静粛性含めて印象、悪くない。ステアリング操作に忠実なフットワークなどもあわせて、リラックスして乗っていられる上々の仕上がりと言える。

ガソリンエンジンはスペック上は特筆すべきところは無いが、走らせてみると実用域にトルクがぎっしり詰まっていて、CVTの絶妙な制御も相まって気持ち良く走れる。無論、力感も燃費もハイブリッドの方が上だが、低い速度で電気モーターだけで走っていても結構頻繁にエンジンがかかり、しかもそ

▶ヴェゼル

●4330mm×1790mm×1580(1590)mm/2610mm/1250〜1450kg●①1496cc, 直4DOHC, 106PS/6000-6400rpm, 13.0kgm/4500-5000rpm, モーター:交流同期電動機, 96kW(131PS)/4000-8000rpm, 25.8kgm/0-3500rpm②1496cc, 直4DOHC, 118PS/6600rpm, 14.5kgm/4300rpm●CVT●FF/4WD●227.9万〜329.9万円

れがさほど静かではないのが惜しい。なまじ静粛性が上々なだけに、余計に気になるのかもしれないが。

気に入ったのは4WDだ。ハイブリッドでも後輪は電気モーター駆動ではなく、エンジンと電気モーターの出力がドライブシャフトで伝えられるため、後輪に大トルクをかけられるのがメリットとホンダは言う。実際、前輪が滑ってからではなく、必要なら発進の時点から後輪にどんどん駆動力を配分していくので、ハンドリングは安定していて且つ楽しい。

リアサスペンションがド・ディオン式となるのも落ち着きに貢献している…と思ったら、実は4WDはFF仕様とは微妙に味付けが違っていて、こちらの方がよりリニアリティ重視なんだとか。私なら断然こちらを選ぶ。そうそう、ヒル・ディセント・コントロールも付いているので、悪路だって意外やイケてしまうのだ。

先進運転支援装備のホンダ・センシングはワイドビューカメラの採用で検知力アップ、よりスムーズな制御を実現している。その他の先進装備も充実していて、ナビの自動地図更新、車内Wi－Fiなどが備わり、更にスマートフォンで解錠、始動が可能なデジタルキーも用意される。今、欲しいと思えるものは全部あると言っても過言ではない。

見た目は立派だし、実際の広さもまさにひとクラス上の余裕がある。走りの質も高く、非常に完成度の高い1台となった新しいヴェゼル。先代のユーザーはあまりの変化に驚くかもしれないが、実際に乗って、そして使ってみれば納得できるはずである。

悩ましいのは大型ガラスサンルーフが付き、内外装がカジュアルに仕立てられた新型ヴェゼルのイメージリーダー〝PLaY〟にFFしか設定が無いことだ。価格が高くなり過ぎるからという説明を受けたが、その価値があるなら、そういうモデルが設定されていてもいい。もっとも、ヴェゼルはその前に納車待ちの列を何とかするのが先かもしれない。コレを書いている11月末の時点でe：HEVは納期半年以上。PLaYに至っては受注一時停止という状況になっているのだ。

N-BOX モノとしての完成度高い。思わず欲しくなる

ホンダ

N-BOXは、ホンダきってのベストセラー軽自動車。いやホンダの中だけでなく、軽自動車全体の中でも、いやいやいや実は登録車合わせた新車販売台数でも2020年まで4年連続第1位を獲得している、まさに日本のベストセラーである。

現行モデルは2017年に登場した2世代目。初代からの何よりの特徴は、その圧倒的なまでの室内空間の広さだ。全高1800㎜のスクエアなデザインのトールフォルムに加えて、ホンダ車ではお馴染みのセンタータンクレイアウトを採用。エンジンルームも出来る限り前方に追いやり、テールゲートも薄型化するなどして驚くほどの空間を確保している。

後席は、もちろん左右には余裕は無いものの前後、そして上方に呆れるほどのスペースがある。荷室も床が低く、容易には使い切れないほどの容量があるし、テールゲートが低い位置から大きく開くので、何でも積み込めそうだと思ってしまう。

更に、後席は座面をチップアップして背の高い物を積み込むこともできるし、助手席は荷室側からロングスライド、リクライニングが可能だったりと、使い勝手にもきめ細かく配慮されている。これなら敢えて登録車のコンパクトカーにしなくてもいいいやと思わせる魅力は十分だ。

走らせても、やはり従来の軽自動車の常識を超えたしっとり、しっかりとした乗り味を見せる。この体躯なのに自然吸気でも十分と思わせるエンジンも大したもの。ターボならばもう余裕綽々(しゃくしゃく)である。

しかもACCや車線維持支援システムなどの制御も良く出来ているから、高速クルージングもラクラク、快適。用もないのに、モノとしての完成度の高さに思わず欲しくなってしまったほどだ。

まさに今やホンダの屋台骨を支える存在が、このN-BOXをはじめとするNシリーズである。この出来の良さを知ると、それなら登録車はもっと頑張らないと…と思わせるのが唯一の難点だろうか?

▶N－BOX

●3395mm×1475mm×1790(1815)mm／2520mm／890〜1030kg●①658cc, 直3DOHC, 58PS／7300rpm,6.6kgm／4800rpm②658cc, 直3DOHCターボ, 64PS／6000rpm, 10.6kgm／2600rpm●CVT●FF／4WD●142.9万〜215.3万円

S660 ホンダ
惜しまれつつ退場。BEVとして復活したら？

ホンダがF1復帰を果たした2015年に登場したS660が、奇しくもF1参戦終了のこの年に、2022年3月の生産終了を発表した。このままでは将来の騒音、安全などの規制にミートできないというのが、その主たる理由。まあ、予算をかけて改修してもペイできるほど売れないということである。のちにNSXもやはり生産終了とアナウンスされたから、ホンダのラインナップにはまたスポーツカーが無くなることとなった。

思えばS660の登場も、ビートの生産終了からほぼ20年近くを経てからのことだったから、出たり入ったりのF1ともども、ホンダとはそういうメーカーなのかもしれない。それにしても寂しいものだ。

ミッドシップレイアウトを採り、脱着式のソフトトップを備えるオープンボディをまとったS660は、ターボエンジンの搭載、6速MTもしくはパドルシフト付きのCVTの採用、ブレーキ制御によりライントレースを助けるアジャイルハンドリングアシストの設定など、軽自動車でありながら本格的なスポーツモデルとして生み出された。実際、ボディ剛性は高く、ハンドリングは正確。パワーも十分にあってワインディングロードはもちろん、ミニサーキットでも存分に楽しめるクルマである。

生産終了のアナウンスとともに発表された最後の特別仕様車、モデューロXヴァージョンZは瞬く間に完売。標準グレードも含めて生産枠が埋まってしまったが、ホンダは11月に650台の追加生産を発表した。商談中だった人が優先で、それ以外に抽選枠50台という内訳だが、こちらも12月5日をもって締め切られている。

S660のデザインは実は2011年のコンセプトカー、EV-STERが元ネタだ。ホンダは電動化イコール退屈ではないという象徴として、リアルEV-STERを発売するべきではないだろうか。いい車体は、ここにすでにある。

▶S660

●3395mm×1475mm×1180mm／2285mm／830～850kg●658cc，直3DOHCターボ，64PS／6000rpm，10.6kgm／2600rpm●6MT／CVT●ミッドシップ●203.2万～315.0万円

ホンダのビジネス分析

電動化以外も課題山積。今こそトップからの発信を

2021年4月に行なわれた本田技研工業（ホンダ）の三部敏宏社長の就任会見で、もっとも大きな衝撃をもって迎えられたのが四輪車の電動化に向けた宣言である。2050年のカーボンニュートラル実現を目指し、ライフサイクルも考慮に入れた上で、2040年までに販売する車両をすべてBEVとFCEVにすると打ち出したのだ。その中にはHEVもPHEVも含まれず、つまり「エンジンのホンダ」が、脱エンジンを図るというわけである。

のちに三部社長は、従来の延長線上で考えているといつまでも埒（らち）があかないと、半分は社内に向けて強引に発表したのだと話してくれた。確かに、冒頭でインタビューした岡部宏二郎氏が就任した電動事業推進室のような部署が新設されたように、この発表で会社としての方向性が定まったのは事実だろう。

もちろん、課題は山積みである。まず一番はユーザーに選んでもらえるBEV、あるいはホンダらしい特色のあるBEVを、どのように生み出していくかということだ。三部社長は「正直、走る、曲がる、止まるで違いを出すのは難しい。ですから『そのクルマが欲しい』と思ってくれるような価値が、BEVには特に必要」と言い、そのヒントとして空間価値という言葉を使っていた。

電動化、そして同時に知能化が進めば、クルマの室内は、エンジン付きで自分で運転するクルマとは異なったものになるはずだという話だが、それは世界のどのメーカーも言っていることで、特に目新しい提案ではない。実は三部社長自身も、それは分かっていると言っている。要するに、まだそのカギは見つけられていないということだ。

ちなみに冒頭のインタビューで岡部氏は「自動運転でゆったりしたリムジンに乗ってお茶飲んでとい

うのはイヤだよねというのは僕らの中でもずっと言っています。アレだけになってしまったら私たちは居る価値がない」と話していて面白かったしホッとした。何しろ他でもない、ホンダ車の話なのだから。

BEVの基本骨格は当面GMのものを

ＢＥＶ時代のホンダ車には何が必要か。それが将来に向けたプラットフォーム開発にも重要なポイントとなるのは間違いない。あるいは、それがまだ見定められないのであれば、フレキシビリティに富んだ土台を用意しておく必要があるだろう。

ホンダは大型車についてはＧＭの、グローバルＥＶプラットフォームを使った車両を開発すると明らかにしている。第一弾は２０２４年発売予定の「プロローグ」で、同年にはアキュラからも電動ＳＵＶが登場予定である。プレスリリースには「エクステリアおよびインテリアについてはホンダが自社専用にデザインし、ベースとなるプラットフォームはホンダらしい運転特性を実現する設計」になると謳われている。設計に関与していない基本骨格を使って、どこまで〝らしさ〟を出せるのかは見ものである。

より小型のモデルについてはホンダ主導の「ｅ：アーキテクチャー」が開発され、２０２０年代後半にはこれを使ったモデルが投入される。こちらの方が〝らしさ〟を表現しやすいのは間違いないが、いかんせんゼロスタートである。当面はＧＭを先生に知見を積み上げていくかたちになりそうだ。

BEV用電池争奪戦をどう勝ち抜く?

電池をいかに調達していくかも問題である。北米はＧＭのアルティウムを使い、中国やアジアは出資もしているＣＡＴＬが主体となるとして、日本はどうするのか。ホンダｅのバッテリーを供給するパナソニックは、トヨタと合弁でプライムプラネットエナジー&ソリューションズを設立してしまった。

三部社長は「トヨタさんから心臓のバッテリーを買うのもなと…（笑）。それは別ルートを作らないといかんと思って、今やってるというか話をしています」と言う。もう1社、グローバルな競争力を持つメーカーを並び立たせて、国内生産のバッテリー

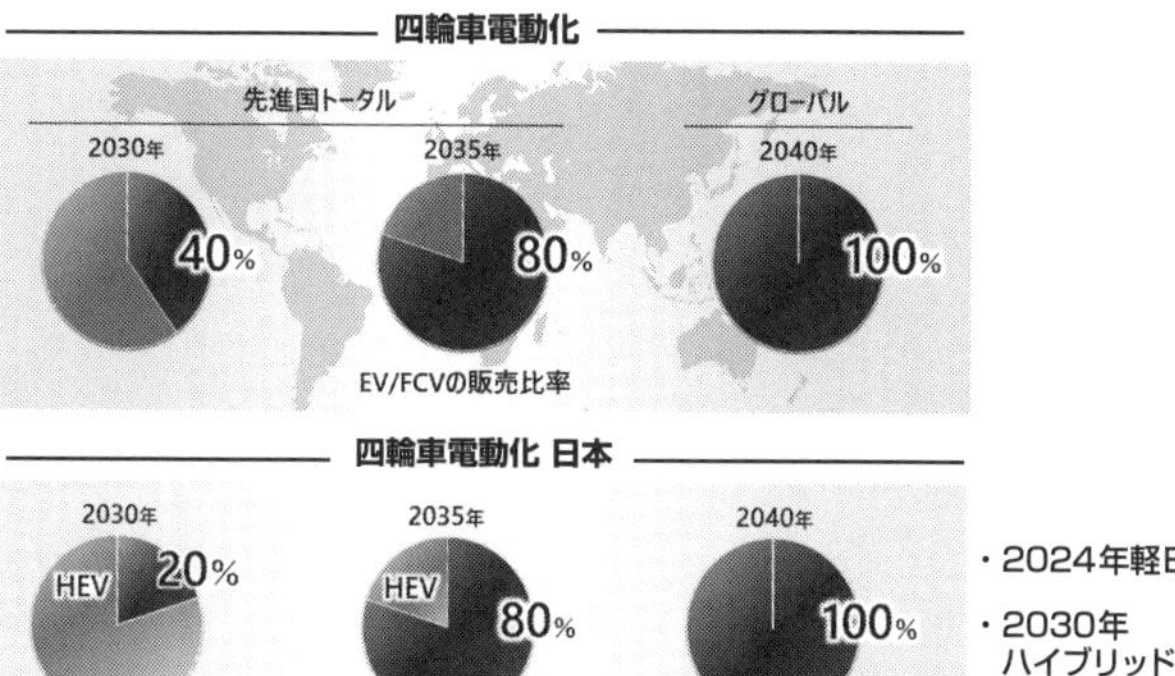

EV、FCVへの完全シフトを宣言

2021年4月24日に行われた三部敏宏社長の就任会見で示された資料より。EV、FCVの販売比率を、日本国内もグローバルも、2040年に100%とすることを目指すと宣言した。2030年時点でのEV、FCV比率を、中国と北米で40%、日本で20%にするという。

の供給を受けるかたちに持っていくというのが、描かれたシナリオ。全固体電池も視野に、日本の産業のこれからまでを見据えた動きに注目したい。

相次ぐモデル廃止。ラインナップに疑問

電動化というと、ついBEVの話になってしまうが、当面はHEVの進化も重要だというのは巻頭の岡部氏のインタビューでも出てきた通りである。ここには期待したいが、一方、進化の道を辿れずに生産、販売の終了がアナウンスされたモデル、2022年は本当にたくさんあった。S660にはじまりオデッセイ、クラリティ、レジェンド、そしてNSX。1年にこれだけのクルマをやめると言ったメーカー、そうは無いのでは？

四輪事業は大丈夫なのか？　という気になってしまうが、三部社長が言うには、狭山工場の閉鎖、寄居工場への移管だったり、コロナ禍でのスケジュールの乱れなどの影響でやめる方がたまたま目立つことになってしまっただけだという。

それなら2022年以降は、いいかたちで埋め合

わせられることを期待したいが、しかし現状のラインナップを見ても正直、首を傾げたくなるところは多い。たとえば価格設定だ。

CR－Vのエントリーグレード、EXは336・2万円。そのライバルと言えばトヨタRAV4だが、こちらのXは274・3万円となる。CR－Vはインターナビが付きシート地は上質で、ホイールも18インチになるが、これではパッと見た時の印象は「300万円以上する高いクルマ」である。

それで売れているならいいが、月販台数はざっと10分の1。勝負の土俵にすら上がれていないのだ。なぜRAV4と戦えるような装備と価格のグレードが用意されないのだろう？　これだと販売店は、RAV4の名が出された時点でお手上げに違いない。

更に言えば、価格がもう少し下がれば、納期が半年以上という事態になっているヴェゼルを買い求めに来た人にCR－Vを勧めることもできるだろう。しかし現状ではちょっと難しそうだ。

そういう視点で眺めてみれば、アコードもカムリに対して高過ぎるし、シビックにも廉価グレードがあってもいい。フィットは価格は適正かもしれないがグレード展開が煩雑過ぎる。

こんな具合で、各車それぞれの価格もホンダ車全体で見た時の分布も、どうもうまくない。戦線は広がっているが連携が取れておらず、特に高価格帯のモデルは、これでは売る気が無いのではと言われても仕方がないほどだ。車種を一気に減らしたのを好機として、ラインナップ全体の構成を整えるチャンスとした方がよさそうである。

何を考えてF1に参戦し撤退したのか

F1撤退にも触れないわけにはいかない。私は今になっても、なぜ今年でF1参戦を終了するのか、まったく理解できないでいる。

カーボンニュートラル実現に向けて人員や予算などのリソースを集中したいというのはいい。しかしF1パワーユニット（PU）開発責任者の浅木泰昭氏によれば、まさにF1を通じて進めてきた合成燃料やバッテリー技術の開発は、まだ途上なのだとい

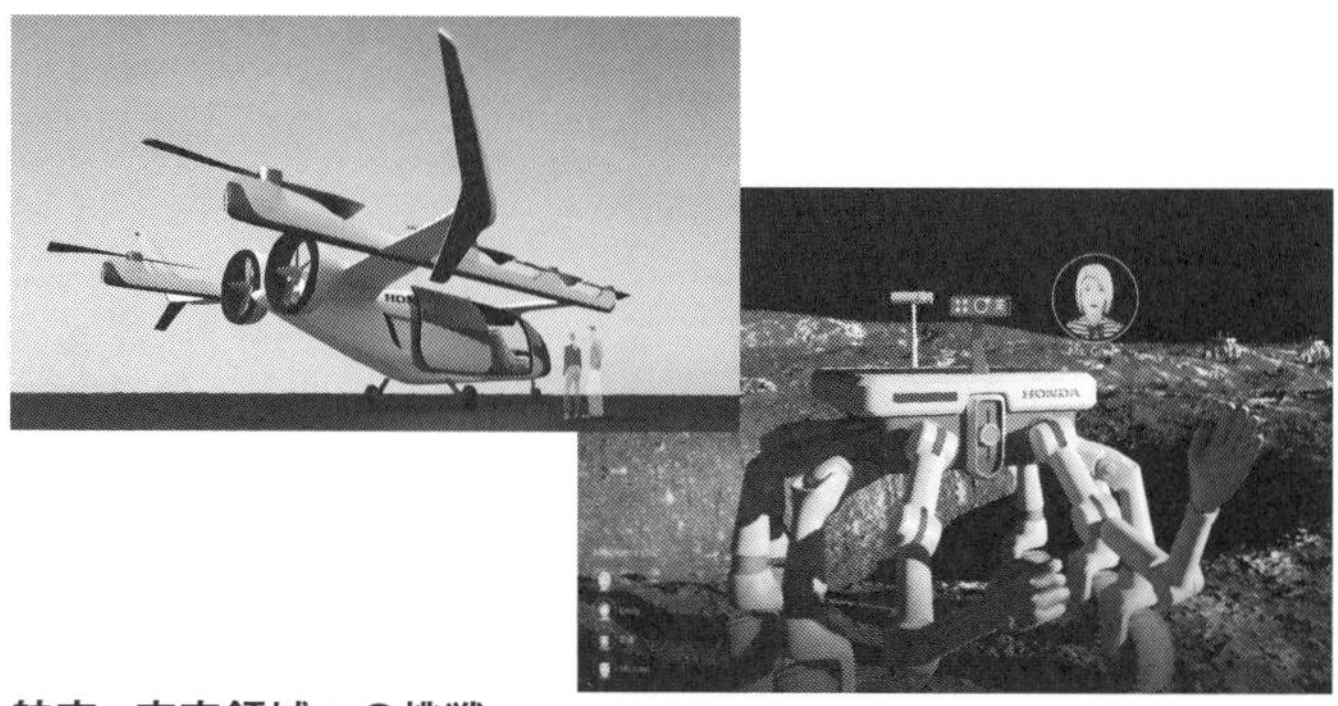

航空・宇宙領域への挑戦

2021年9月30日には「Hondaの新領域への取り組みについて」として、技術開発の方向性に関する発信があった。その一つ、ガスタービンと電動のハイブリッドによる垂直離着陸機「Honda eVTOL」（左上）の研究には、F1やジェット機、自動運転などの技術を活かすという。宇宙領域についても、遠隔操作ロボット（右下）や、燃料電池をつかう循環型再生エネルギーシステム、自動運転技術の制御・誘導技術を活かした再使用型小型ロケットの開発に取り組むという。

う。Ｆ１で培った技術を活かしたいなら、なぜ途中で参戦を終えるのだろうか？

しかも表向きは止めるはずなのに、２０２２年のレッドブルのＰＵはホンダが開発し、オペレーションも行なうのだ。車体に〝Ｈ〟マークは付かないのに。人員や予算が必要ならすぐに止めればいいし、やるならホンダとしてだろう。どうもレッドブルに良いように使われているとしか見えないのだが…。

メルセデスＡＭＧが先日発表したＰＨＥＶのスポーツカーは、バッテリー冷却技術をＦ１の部隊と共同開発したという。彼らはＦ１を市販車や将来技術と密接に関係させているのだ、イメージ含めて。ホンダはそれを出来なかった。ということは、そもそもなぜ止めるのかの前に、なぜやったのかが明確じゃなかったことが、この結末に繋がったように思う。

更に、次の車両規則改定の後にはＦ１、ポルシェやアウディが参戦してくる模様である。彼らはＢＥＶシフトを謳う一方、Ｆ１で内燃エンジンの最先端技術を磨き続けるつもりなのだ。それが後々どういう意味を持ってくるのか…そういうしたたかさが無ければ、Ｆ１は意味がないのかもしれない。

航空・宇宙事業の発表がウケない理由

ホンダはむしろ、ここで培ったものをモビリティの範囲の拡大に活かそうとしているようだ。本田技術研究所で現在開発中のｅＶＴＯＬ（電動垂直離着陸機）にはＦ１の超高回転ジェネレーター、軽量構造技術などが使われるという。

このｅＶＴＯＬは航続距離が限られるバッテリー駆動ではなく、ガスタービン技術を用いたハイブリッドを採用するのがその特徴。将来はｅＶＴＯＬや自動運転車などを連携させた、モビリティエコシステム全体としての事業化を目指すということである。

実はホンダは、量産車の開発機能を本田技研工業の側に移し、本田技術研究所を先進領域を中心とする研究開発組織に生まれ変わらせている。三部社長の会見に「モビリティを三次元、四次元に拡大していくべく、空、海洋、宇宙、そしてロボットなどの研究を進めてい」るとあったように、ロケットなども含めて今、技術研究が強化されているのだ。

二輪、四輪だけでなくモビリティ全般を網羅する企業へというチャレンジは、確かにホンダらしい。しかし、これらの事業は個人ユーザー向けではない。宇宙もいいが、まず目の前のクルマのユーザーを見てという声は、肝に銘じていてほしいところである。

目下のクルマづくりには期待大

前向きじゃない話が続いてしまったが、今後の商品については期待できる要素も多い。実はすでにフィット、ヴェゼル、シビックといったモデルには反映されているのだが、今ホンダではユーザーが主にクルマを体験するデザイン、ＨＭＩ（ヒューマン・マシン・インターフェイス）、ダイナミクスの領域に於（お）いてコアバリューを共有して、一貫したメッセージを発信していくという活動が行なわれている。

例えばシビックの低くフラットなダッシュボードは、ＨＭＩの部門との連携で各部の操作性が練り込まれた。更に、走らせた際の視界の良さ、あるいは視界が良すぎるが故（ゆえ）の不安などの要素をレイアウトに反映していく…といった具合である。そのために各部署が一緒になって開発を進めていくのだ。

　こうした部分、あるいは〝意のまま〟という要素が重視される走りについてなどは、全車種横断で味付けされていく。当然、車種ごとの個性もあるが、根っことなる部分は一緒というところである。

　これまでホンダ車はそれぞれの開発責任者がそれぞれに仕事をしていた感が強いが、今後はそうやってホンダらしさの横串が通されていく。好き勝手やっていた頃の面白さとは違ってくるだろうが、ここまで大きくなり、多くの車種を持つブランドとしては、取るべき方向と言えるだろう。

　但し、この方向性については社内はまだ一枚岩ではないとも見受けられる。しかしながら最近話をしたホンダの若きエンジニアたちは皆とてもヤル気に満ちていて、ムードは悪く無さそうに見える。まだ目を閉じて乗っても分かるほどのホンダならではの乗り味が出来ているとまでは言わないが、続けていれば、そのうち出汁がにじみ出てくるはずだ。

今こそ、トップの声を聞かせてほしい

冒頭に記したように電動化の道筋について発表した時には、それは半分は社内に向けたメッセージだったと三部社長は話していた。そうであれば尚のこと、望みたいのはもっともっとトップの声を発信してほしいということだ。実際、4月の社長就任会見以来、そうした声は届いていない。

　イーロン・マスク氏を見ても、豊田章男氏を見ても、激動のこの時代、トップの声は大きな力を持つ。電動化に向かうホンダ車の将来に不安を抱くファンに、届けるべき言葉、あるはずだ。

　２０２１年のホンダは多くの市販車の生産、販売を終了し、またＦ１も参戦を終えた。寄居や英国スウィンドンなどの工場も閉鎖して、とにかく色々なものを手放したことになる。では２０２２年には、そのぶん何を創り出してくるのか。楽観視はできないが、しかし真っ暗闇という気もしない。２０２１年に味わったショックと同じくらいの、今度は嬉しい衝撃を味わわせてくれると期待したい。

第2特集

スポーツカー大国ニッポン

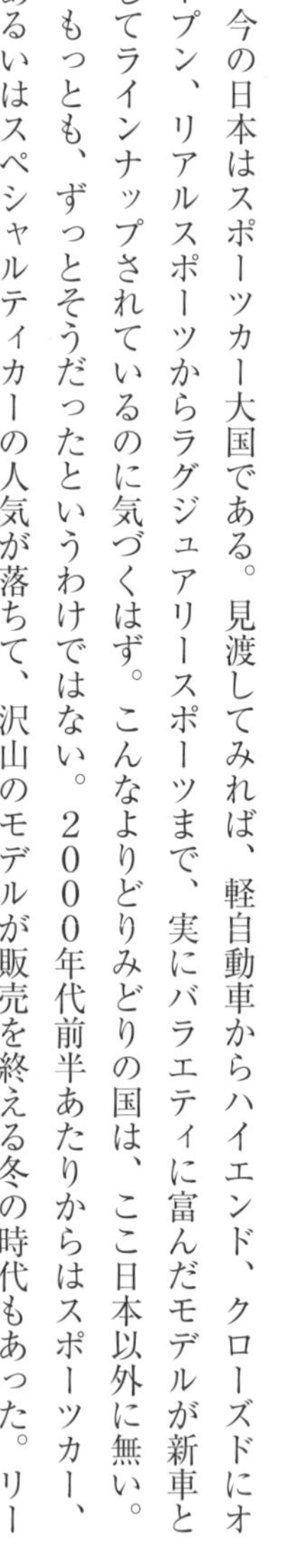

今の日本はスポーツカー大国である。見渡してみれば、軽自動車からハイエンド、クローズドにオープン、リアルスポーツからラグジュアリースポーツまで、実にバラエティに富んだモデルが新車としてラインナップされているのに気づくはず。こんなよりどりみどりの国は、ここ日本以外に無い。

もっとも、ずっとそうだったというわけではない。２０００年代前半あたりからはスポーツカー、あるいはスペシャルティカーの人気が落ちて、沢山のモデルが販売を終える冬の時代もあった。リーマンショックで計画が頓挫したモデルがいくつもあったのだって覚えている。

ここで紹介するのは、そうした時代を辛抱強く耐え抜いた、あるいはその辛苦の時代を乗り越えて復活した、いずれにしても強い志をもったモデルたちである。正直、存在してくれているだけで有り難く、ひれ伏したくなるような存在ばかりと言ってもいい。

本題に入る前に、私にとって、一体何がスポーツカーなのかを明らかにしておこう。線引きの難儀な、個人の思い入れにも基づくものであることは百も承知だが、ここでは、走りのよろこびを優先順位の上の方に置いて開発されたであろう専用開発車という括り(くく)にした。

念のため、ホンダＮＳＸが入っていないのは、ホンダ特集に入れたからである。また、スズキ・スイフト・スポーツも日本のスポーツ〝モデル〟を語る上では重要な存在であることは分かっているの

第2特集

スポーツカー 目次

スポーツカー徹底批評

だが、あくまでスイフトのグレードのひとつということで車種ごとの評価に回した次第だ。そちらでしっかりと論じているので、ファンの方は気を悪くしないでほしい。

いずれにしても言えるのは、スポーツカーは実用上どうしても必要な存在というわけではないということだ。そう書くと身も蓋もないが、スポーツカーとはまあそういうものだろう。何かをするための道具としてのクルマではなく、乗ること自体が目的になるのがスポーツカーである。

世間の役には立たないかもしれないが、だからこそ愛おしい。乗っている人は間違いなく楽しく、あるいは街を行く姿に偶然行き合った人だって、眼福と満ち足りた気分になれるかもしれない。

あるいは、こうやってその線引きやら定義やら哲学やらを語り合っているだけでも幸せな気分になれるのがスポーツカーというものではないだろうか。

趣味のものだけに、見解の違いなどもあるだろう。それも含めてこの特集、仲間との語りの肴にでもしていただければ、この上ない歓びである。

フェアレディZ……日産

歴史も新しさも盛り込む。日産復活の旗印

大喝采をもって迎えられたプロトタイプの発表から約1年。いよいよ2021年8月に新型フェアレディZが発表された。日本デビューは今冬というから、程なくして走り出すはずである。まだテストドライブの機会は訪れていないのだが、2022年の日本のスポーツカーを語る上での最重要モデルということで、しっかり紹介しておこうと思う。

デザインはプロトタイプとほとんど変わっていない。初代S30型やZ32型といった過去のモデルのモチーフをうまく採り入れながら、洗練された今の時代のスポーツカーとして描き出されている。典型的なロングノーズ・ショートデッキのフォルムは現行モデルから変わっていないのだが、角く口を開けたラジエーターグリルや、高めのフードに対して、やや低くなったウエストラインといった、まさにS30を想起させるディテールのおかげで、遠目にもまさにZと見せるデザインが実現している。

あるいはヘッドライトの造形は一体何を表しているのかと思う人も居るかもしれない。実は初代Zの高性能版、240Zのヘッドライトにはプラスチックのカバーが付いていて、点灯させると反射でここに2つの半円状の光が現れたという。特に北米では特徴として語り継がれてきたコレを、最新のLED技術で再解釈したのだそうだ。

一方、分かりやすいのがリアである。ブラックアウトされた中に3DのLEDチューブが光るテールランプは、Z32がモチーフ。しかもレトロではなく、ちゃんと現代のデザインとして落とし込まれているのである。

正直に言えば、何でここに来て過去のモチーフを使うのか最初はよく分からない感もあった。けれどよく考えてみれば、電動化だ知能化だという今の御時世に敢えてZを復活させるのだ。長年Zを愛してくれたどの時代のファンも歓迎でき、新しいファンにもアピールできるデザインというのは確かに一番

▶フェアレディZ

●4379mm×1844mm×1316mm／2550mm／--kg●①2997cc, V6DOHCターボ, 405PS／6400rpm, 48.4kgm／1600-5200rpm●6MT／9AT●FR●--万円
※写真、スペックともに北米モデルのもの

いい落とし所という気がしてくる。皆があでもないこうでもないと言いつつ、概ね全体的には歓迎ムード。きっと狙い通りに違いない。

インテリアは、もう少し先進感強めのデザインだと言えるだろう。メーターはフルTFT化されて、3つの表示モードを選択できる。そのうちのスポーツモードのレイアウトは、スーパーGTで活躍する日産のエースドライバー、松田次生選手のアドバイスで決められたという。設定回転数で点灯／点滅するシフトアップインジケーターや、レブリミットの7000rpmがちょうど12時の位置に来る、中央に設えられた回転計などが、まさにポイントだ。

他にもGT－R譲りのやや細めの縦長断面を持つステアリングホイールや、日産の標準よりサイズが大きく、縫い目の無い1枚革が使われウェイトも重めとされたシフトノブなど、ドライバーが直接触れる部分には、こだわりが詰まっている。実はそのステアリングホイールは、裏面全周に指先をかけやすい凹凸状のフィンガーレストが設けられているのだが、これは往年のR32型スカイラインGT－Rからの引用だという。触れたことのある人なら、オヤッ？　と思い、そしてニヤッとするに違いない。

メカニズムを見てみよう。昨年版で予想した通り、新型フェアレディZは現行モデルのプラットフォームを継続使用している。いや、実は型式名もZ34のまま踏襲されているのだ。型式認定を取得しようとすれば、手間もコストも膨大に膨らむ。そんなことより現行モデルを改良、進化させることで今Zのあるべきカタチが生み出せるのならメーカーとしてもユーザーにとってもメリットが大きい。根底にあるのは、そんな考え方である。

私もこれは大賛成だ。そもそも現行Zのロングノーズ・ショートデッキのサイドシルエットは初代S30に重なるところがある。言わば導かれ、なるべくしてそうなった。そんな気さえしてしまっている。

そのロングノーズの下に積まれるエンジンは、最高出力405PS、最大トルク48・4kgmを発生するV型6気筒3・0Lツインターボユニットの1種類のみ。トランスミッションはプロトタイプで示された通りの６速ＭＴ、そしてこちらも専用の９速ＡＴが組み合わされる。

元々、レスポンスに優れた小径ターボチャージャーを使い、ターボ回転数センサーを用いてその能力を限界まで引き出し、高出力化をも実現していたこのエンジンには、アクセルオフ時の回転落ちを促すリサーキュレーションバルブの追加などＭＴとのマッチングを高める改良が施されている。６速ＭＴもタッチには相当こだわって開発したという。ＭＴは今や速さのためではなく楽しさのために選ぶものだけに、ここが何より大事なポイントなのだ。

この動力性能向上に見合うよう車体側も大幅に強化されている。ボディはねじり剛性が従来より10・８％向上しているといい、現行モデルの２４５サイズから２５５サイズにワイド化されたフロントタイヤなどが相まって、コーナリング性能は13％向上したという。

但し、サスペンションはガチガチではなく、むしろしなやかに動かす方向とのこと。乗り心地は更に進化し、また静粛性にもこれまでになく配慮しているというから、走って楽しむだけでなく、ゆったり音楽を流しながらのドライブやデートといったシーンでも楽しませてくれそう。ここがＧＴ－Ｒとは違ったＺならではのキャラクターなのだ。

振り返ると２００２年に登場したＺ33型は、経営不振から再生へ向かう当時の日産の象徴と言うべき存在だった。あれから20年近い時を経て、またも復活を期する日産が、新型フェアレディＺをアイコンとして戴くことになったのは、偶然なのか必然なのか。いずれにせよ、この新型が歴代モデルたちと同様、いやそれ以上の歴史に残る１台となるのは間違いないだろう。

尚、価格はまだ公表されていない。今回、大幅なパワーアップをはじめ10年分の進化を果たしているだけに不安もあるが、それでも初代以来、アフォーダブル＝手の届く夢のスポーツカーであり続けてきたのがＺである。期待して待つことにしたい。

ＧＲ86 トヨタ／ＢＲＺ スバル

理想的な進化遂げた。味付けの違いも楽しい

２０１２年に登場したトヨタ86／スバルＢＲＺの功績は本当に大きい。当時、手頃な価格のＦＲのスポーツカーはマツダ・ロードスター以外に無く、まさにかつてのハチロクことＡＥ86型レビン／トレノのように気軽に走りを楽しめ、その先にはチューニングの楽しみもあり、また本格的なモータースポーツにも活用できるクルマはほぼ姿を消していた。もし86／ＢＲＺが無かったら今頃こうしたクルマ文化はどうなっていたかと考えると、本当に奇跡のようなことだったなと思う。

新しいトヨタ86改めＧＲ86、そしてスバルＢＲＺも、その基本コンセプトは継承している。商品企画とデザインをトヨタが、設計・開発はスバルが主に担当するのも変わらない。

車体の基本骨格は先代から引き続き使われているが、スバルのＳＧＰのインナーフレーム構造などの知見が盛り込まれることで、剛性を大幅に高めた。しかもルーフやフード、フェンダーなどをアルミ化することで、衝突安全対応や装備の充実などで増えた重量を相殺するとともに重心を下げている。実は左右席の間隔もわずかに狭められているなど、パッケージングは走りの資質向上を更に見据えたものになっているのである。

エンジンは水平対向4気筒であることは変わらないが、排気量が２・０Ｌから２・４Ｌへと拡大された。レブリミット７４００rpmという高回転型であることは変わらず、最高出力は２３５PSに達する。トランスミッションは当然の6速ＭＴ、そして6速ＡＴの組み合わせだ。

新型で面白いのは従来以上に両車の走りのキャラクターが分けられていることである。そのためハードウェアもＢＲＺが新たにアルミ製フロントナックル、ボディ直付けのリアスタビライザー等々を採用したのに対して、86のシャシーは先代をベースにセッティングされている。当初はＥＰＳとダンパー減

▶GR86

●4265mm×1775mm×1310mm／2575mm／1270kg●2387cc, 水平対向4DOHC, 235PS／7000rpm, 25.5kgm／3700rpm●6MT／6AT●FR●279.9～351.2万円

▶BRZ

●4265mm×1775mm×1310mm／2575mm／1260～1290kg●2387cc, 水平対向4DOHC, 235PS／7000rpm, 25.5kgm／3700rpm●6MT／6AT●FR●308万～343.2万円

衰力だけ別設定にするはずが、途中でGR側がやはりもっと踏み込んだ差別化をとこだわったのだという。86の発売が遅れたのは実はそれが理由である。

両車でサーキット、一般道を走らせてみたが、確かに走りのキャラクターは驚くほどに違っている。86はアクセルを踏み込むと室内に電子生成音を発するアクティブサウンドコントロールによる野太いサウンドが響き、アクセルレスポンスも低回転域からシャープ。ステアリングフィールは溜息が出るほど饒舌で、応答性も目線を送った方向にノーズが向き始めるほど軽快だ。

一方のBRZは徹底的にリニアリティ重視で、アクセル操作に呼応してパワーを盛り上げていく設定とされ、音量も控えめ。ステアリングフィールは落ち着いていて、真っ直ぐ走らせている時の安定感が際立っている。

サーキットで試した限界域でも同様で、操舵に対して積極的に曲がり、早めのアクセルオンを可能にする86と、リアが落ち着いていて安心感をもって操舵できるBRZという風に、同じFRスポーツであっても違った味付けとなっている。優劣ではなく好みの問題で、おそらく走らせる舞台によって速い遅いも変わってくるのだろう。個人的には86の活発さに惹かれつつも、普段乗るならBRZかな？　などと悩むが、それも楽しいのがスポーツカーである。

スポーツカー初心者、あるいは復帰組のためにMTにシフトダウン時に自動的にアクセルを煽(あお)る機能が付くといいなと思うが、希望はそれぐらい。現状でも出来映えは上々だ。そうそう、AT車にアイサイトが搭載されたことも朗報として触れておきたい。

その上、2022年には両車ともスーパー耐久レースで〝公開開発テスト〟を行なっていくというから、今後の進化も楽しみだ。一方、新型が出たことで旧型の価格が下がれば、若いユーザーが買いやすくなって、こちらでもまた文化が続いていくことになる。新型GR86／BRZ、スポーツカーのあり方としてまさに理想的な進化を遂げたと、太鼓判を押したい1台である。

WRX S4……スバル

先代との差は歴然。格段に楽しめるクルマに

そもそもはWRC参戦マシンのベース車であったインプレッサWRXから発展したスポーツセダン、WRXは世界中のスバリストと呼ばれるスバルファンがもっとも情熱を注ぐ対象である。そのフルモデルチェンジとなれば、やはり凄まじく熱い視線が集まることは間違いないわけだが、新型WRX S4はきっと彼らを驚かせ、歓喜させるに違いない。

車体の基本骨格はレヴォーグと共通である。それだけで大幅な進化、高い実力は約束されたようなもので、実際に車体のねじり剛性は28％増となり、サスペンションストロークも増大している。

注目はエンジン、トランスミッション、AWDシステムで攻勢されるパワートレインだ。まずエンジンは新たに2・4L直噴ターボに。スペック上は最高出力が従来の2・0Lターボの300PSから275PSに、最大トルクも40・8kgmから38・2kgmに下がっているのだが、排気量アップにより実用域のトルクが増加したことで全域での加速性能を高めている。しかもエアバイパスバルブ、ウェイストゲートバルブを電子制御化することで、過給圧制御を緻密化。アクセルレスポンスを向上させたという。

組み合わせるCVTも、低レシオ化や高速変速対応コントロールバルブなどを搭載した、その名もスバル・パフォーマンス・トランスミッションに進化している。変速スピードはDCT並みと鼻息は荒い。更にAWDシステムにはスポーツモードを採用。旋回時には前後輪の作動制限を弱め、曲がりやすくしているわけだ。

そんな中身と同じかそれ以上にインパクトがあるのがエクステリアデザインである。前傾姿勢の4ドアセダンの張り出したフェンダーには更にスポーツサイドガーニッシュと呼ばれるエクステンションが付けられていて、全幅を1825㎜にまで広げているのだ。それこそスバリスト諸氏ならば、2017年に発表されたVIZIV PERFORMANCE CONCEPT

をすぐに思い出すのだろうが、とにかくインパクトは強い。もちろん、これは単なる意匠ではなくステアリングフィール向上や挙動の安定化など、空力性能にも貢献しているとする。

サーキットではＧＴ－Ｈ、そしてＳＴＩスポーツＲの２グレードをともに試すことができた。一番の違いは後者に電子制御ダンパーが備わり、ドライブモード選択機能が用意されることである。

動力性能は確かに刺激的だ。速さもそうだが、新しいＣＶＴの段付きの変速は素早く小気味良く、アクセル操作に対する応答性も鋭いので、大パワーを意のままにできる快感が強い。ＣＶＴのステップアップ制御は前からあるが、単に段が付くだけならギミックでしかない。決まった車速で決まった仮想ギア段に入るからこそ「今のコーナーは２速80km／hで余裕だったから、次は85km／hで入ってみよう」といった工夫が出来るのだから。その点、ようやくあるべき姿になったと言ってよく、これならＣＶＴでもイヤじゃない。

シャシーの感触も良い。ボディの剛性感は高く、乗り心地は硬質ながら安っぽいところがない。正直、レヴォーグと同じく先代との差は歴然である。コーナリングもやはり俊敏さが際立っている。特にＳＴＩスポーツＲのスポーツモードは、アクセル操作でこれでもかと曲げていく設定で面白い。

但し、試乗したのが雨のサーキットだったこともあり、限界域では動きがピーキーとも感じた。リアまわりの剛性が高過ぎるのかもしれない。まあＡＷＤなので、大きく姿勢を乱してもコース上に留まることはできるのだけれども。

ともあれＷＲＸ Ｓ４、これまでより格段に楽しめるクルマになった。レヴォーグ同様、洗練され過ぎたことに不満という人も出てくるのかもしれないが、走り込むほどにその真価、感じられると思う。

だが、走り込むほどに気になりそうなのが燃費である。カタログ燃費はＪＣ08モードでも12・７km／Ｌでしかないのだ。スポーツモデルと言えども、スバル車最大の弱点、もっと何とかすべきだろう。

▶WRX S4

●4670mm×1825mm×1465mm／2675mm／1600kg●2387cc，水平対向4DOHCターボ，275PS／5600rpm，38.2kgm／2000-4800rpm●CVT●4WD●400.4万〜477.4万円

ＧＲヤリス ……… トヨタ

まさに本物。ＷＲＣ参戦による進化にも期待

本来ならばＧＲヤリスは、２０２１年シーズンのＷＲＣ（世界ラリー選手権）参戦車両のベース車として生まれたクルマである。残念ながらコロナ禍により今シーズンはこれまでのマシンの改良型で挑むことになり活躍を見ることは叶わなかったが、しかしそうして生まれただけに素性の良さは一級品。ロードゴーイングスポーツとしても素晴らしい１台に仕上がっている。

特筆すべきは車体のパッケージングやデザインといったクルマの基本となる部分を、競技車両としての必要要件から導き出しているということだ。市販車をベースに改造していくと、どうしても足りない部分が出てくるものだが、このクルマはＷＲＣチームの要望を最初から可能な限り採り入れて開発されている。単なるヤリスの改造版ではないのである。

その３ドアボディはＷＲＣマシンとした時にリアウイングに効率よく空気が当たるよう車高が低められ、ルーフには軽量なＣＦＲＰ素材が使われている。ずいぶん立派な素材を…と思うところだが、実は新製法により低コストで作られているというところがトヨタらしい。

ＲＺ、そしてＲＺ High performanceが積む最高出力２７２PSを発生する直列３気筒１・６Ｌターボエンジンも規定に合わせた専用設計で６速ＭＴ、そしてこれも新開発のフルタイム４ＷＤシステムを組み合わせている。遅れて設定されたＲＳは１・５ＬエンジンにＣＶＴを組み合わせた前輪駆動の普及版である。

その走りは、まさに本物の味わいだ。ベースから徹底的に剛性を追求した車体はガッチリとしていて、それなりにハードなサスペンションにも関わらず、乗り味には安っぽいところなど皆無。ステアリング含めて、どこにも緩いところがない乗り味は、まさに競技車両のそれだ。

エンジンも同様に非常に精緻な回り方で、アクセ

▶GR ヤリス

●3995mm×1805mm×1455mm／2560mm／1130〜1280kg●①1618cc, 直3DOHCターボ, 272PS／6500rpm, 37.7kgm／3000-4600rpm②1490cc, 直3DOHC, 120PS／6600rpm, 14.8kgm／4800-5200rpm●6MT／CVT●FF／4WD●265万〜456万円

ルを踏むたび惚れ惚れしてしまう。３気筒ということを完全に忘れさせるスムーズさで、回すほどにリニアにパワーを発生させる様は、実に痛快だ。６速MTはストロークが切り詰められ、タッチは上々。シフトダウン時に自動でアクセルを煽る機能も付いていてブレーキングに集中できるのもラク…ではなく、これまた安定して速さを引き出すためである。

４WDシステムは前後トルク配分比を60：40のノーマル、30：70のスポーツ、そしての50：50トラックの３モードに切り替えることができる。走るコース、自分のドライビングに合わせて楽しむことができるのだ。

サーキットでそのポテンシャルをフルに引き出して走らせるなら、高性能タイヤ、前後トルセンLSDなどを備えたRZ High performanceで決まりだろう。しかしながら、RZの素直な走りも悪くはない。最初はRZで腕を磨き、物足りなくなったら好みのパーツを装着していくという楽しみ方もいいと思う。

そしてRSも、思いのほか楽しめるモデルに仕上がっている。シャシーが完全に勝っているから一般道では躊躇なく踏んで楽しめるのだ。

さてGRヤリスについて語るならばMORIZO Selectionにも触れないわけにはいかない。ご存知、豊田章男社長のレーシングドライバーとしての名を冠したこのモデルはサブスクリプションサービスのKINTO専用車。一見、違いは内外装のデザイン程度だが、実は契約期間中の走行性能のアップデート、そしてドライバーに合わせたセッティング変更を行なうパーソナライゼーションといったプログラムが用意されている。要するに買い換えなくもクルマが進化していくのだ。コレ、ちょっと自分でも試してみたいと思案していたりする。

とにかく言えるのは、トヨタから本物のスポーツモデルが登場したということ、これに尽きる。２０２２年から登場するWRCマシンの活躍も楽しみだし、そうして鍛えられた結果が反映される市販車の進化も楽しみ。今後も目の離せない１台なのだ。

コペンGRスポーツ……ダイハツ

唯一の軽オープンが大人のスポーツに

リトラクタブルハードトップ・オープンの軽自動車、しかも前輪駆動ということで、世間的にはあまり走りのイメージは強くないかもしれないコペンだが、実は現行モデルはシャシー性能、結構いいセンを行っている。それだけにGRスポーツが登場した時にも、意外に思ったというよりは納得という気持ちの方が大きかった。

そうは言ってもTOYOTA GAZOO Racingが仕立てた初のダイハツ車は、トヨタの販売店でも買うことができるのだから、やはり驚かないわけにはいかないだろう。しかしなるほど、ダイハツにとっては今イチ浸透しないコペンのスポーツイメージを高められるし、トヨタとしてはGRの間口を広げることができる、納得のコラボなのである。

開口部の拡大したフロント、ディフューザー的に処理されたリアなどでスポーティさを増した外観は、実は床下スパッツなどと相まって、リフトを10％減とした機能に基づくデザインとされている。更に、ボディは床下に補強ブレースの追加などが行なわれ、そこに専用のサスペンションを組み合わせる。

果たしてステアリングを握ってみれば、フットワークはベース車よりも動きがしなやかで、大人っぽいスポーツ性が実現できている。EPSの制御の変更といった細かなチューニングも奏功して、とてもコントロール性に優れた走りっぷりに仕上がっているのである。タイヤはサイズ、銘柄ともベース車と同様ながら、その力を一層うまく引き出していて、思った以上に楽しめるのだ。

5速MTとCVTが用意されるコペンGRスポーツは、ベース車のざっと50万円高という価格に設定されている。特にCVTモデルでは、GRヤリスRSとの価格差、ざっと30万円と考えると悩ましいところではあるが、維持費やオープンの軽快感、何より軽自動車ならではの軽快感は、このクルマだけの世界である。

▶コペン GR スポーツ

●3395mm×1475mm×1280mm／2230mm／850〜870kg●658cc，直3DOHCターボ，64PS／6400rpm，9.4kgm／3200rpm●5MT／CVT●FF●238万〜243.5万円

マツダ・ロードスター

特別仕様「990S」に期待。楽しそう

マツダ

誰がも往年のMG－Bやロータス・エランのような軽量オープンスポーツカーの再来は、もう難しいかなと思っていた89年に、ロードスターは生まれた。それに触発されて雨後の筍のように登場したオープンスポーツのほとんどはすでに退場してしまったが、ロードスターはまだここに居る。いや、居るだけでなく、本質は変えずに進化し続けているロードスターは世界の自動車界の宝だと言っていい。

とは言え、現行のND型がデビューした時の私の評価は、手放しで賞賛するというものではなかった。「スポーツカーとは」という言葉に囚われ、やや教条的になりすぎていないか？　本当はロードスターって、もっと気軽で楽しいクルマだったんじゃないのか？　と思ったわけだ。無論、かっ飛ばせば最高に痛快なクルマだったけれど、ルーフを開け放って、のんびり行くには、ビシッとし過ぎているし、見た目もカッコ良すぎなんだよな、という具合に。

それだけに２０２１年10月に披露された特別仕様車「９９０Ｓ」には興味をソソられた。車重１トンを切るベースグレードの「Ｓ」に軽量ホイール、制動力に優れる上にこちらも軽いブレンボ製ブレーキキャリパーなどを奢り、スペック上は同じ９９０kgでも実際には更に軽く仕上がっているという1台だ。

きっと飛ばしても楽しいだろうが、軽いクルマは交差点ひとつ曲がるのだって気持ち良いだろう。実際、サスペンションはもっともソフトな設定だというから、初代ＮＡロードスターのような、ひらりひらりという身のこなしが味わえそうな気がする。

ソフトトップや内装の装飾などをブルーで統一した見た目も軽やかでいい。そうそう、こういうロードスターが欲しかったんだよなと、まだ乗る前から嬉しくなってウキウキしている。クルマを、特にスポーツカーを取り巻く状況は32年前と同じように厳しい。しかしこの調子ならロードスターは、ひらりひらりと時代を駆け抜けてくれそうだ。

▶ロードスター

●3915mm×1735mm×1235mm／2310mm／990〜1060kg●1496cc,直4DOHC, 132PS／7000rpm, 15.5kgm／4500rpm●6MT／6AT●FR●260.2万〜333.4万円

▶ロードスター RF

●3915mm×1735mm×1245mm／2310mm／1100〜1130kg●①1997cc,直4DOHC, 184PS／7000rpm, 20.9kgm／4000rpm●6MT／6AT●FR●344万〜390.1万円

GRスープラ……トヨタ
良いクルマだけどあのマイチェンにはガッカリ

まさに鳴り物入りで復活を遂げたGRスープラだが、今やクルマ好きの間でもほとんど話題に上らなくなってしまった感がある。GRヤリス、GR86と魅力的なモデルが立て続けに登場したということもあるが、やはり昨年版でも書いた通り、デビューからたった1年でエンジンが刷新され、シャシーのチューニングも宗旨変えかというくらい激変したのは大きかったと思う。

私を含めた最初に手に入れたオーナーは大いにガッカリさせられてしまったし、この手のスポーツカーの文化を語る上では絶対に無視できないチューナーの方々も、多くがこれでそっぽを向いてしまった。それはそうだろう。せっかく開発してきたアイテムが、すぐに使えなくなってしまったのだから。

実は購入する前には「こういうクルマは最初に手に入れてくれた熱いオーナーが本当に大切。改良型が出てもアップデートキットなどで対応できるようにしたい」と聞いていたのだが、そんな話もどこかに行ってしまった。まあ、あまりに広範囲のパーツが新しくなっているから、アップデートなんて簡単に出来るはずもないのだが。

実際、今のスープラがとても良いスポーツカーに仕上がっているのは事実だ。最高出力387PSを発生する直列6気筒3・0Lターボエンジンは爽快に吹け上がり、改良されたシャシーは自信をもってステアリングを切り込んでいける安定感と、ショートホイールベースらしい気持ちの良いノーズの入りを両立している。中速コーナーの連続するワインディングロードはこのクルマにとって最高の舞台だ。

この先、スープラがどのように進化していくのかは分からない。次期型はやはり内製でなんて声も聞こえてくるが、それにしたって今ここにあるクルマをしっかり売っていってこその話だろう。私としては今更ながらMTはあっていいのではないかという気がしているのだが、どうだろうか。

▶GR スープラ

●4380mm×1865mm×1290（1295）mm／2470mm／1410〜1530kg●①2997cc, 直6DOHC, 387PS／5800rpm, 51.0kgm／1800-5000rpm②1998cc, 直4DOHC, 258（197）PS／5000（4500）rpm, 40.8（32.7）kgm／1550-4400（1450-4200）rpm●8AT●FR●499.5万〜731.3万円

RC／RC F……………レクサス

中身はしっかり進化。まだまだ楽しませて欲しい

デビューからもうすぐ8年になるレクサスRCだが、街行く姿に古さを感じさせないのは、絶対的な数が少ないというのもあるが、やはりこういうスポーツクーペの時間軸は他のクルマとは違うということではないかと思う。何しろ、このクルマに乗っている人は、あらゆる意味で余裕のある人だろうから。

中身がしっかり進化してきているのも、古さではなく熟成と感じさせる要因だ。ボディ剛性を高め、バネ下を軽量化したことで乗り味は上質感を増しているし、アクセル操作に対するキレ味も高まっている。電動パーキングブレーキがやっと採用されて、レーダークルーズコントロールが全車速追従機能付きとなったのも大きな進化である。

RC FのV型8気筒5・0L自然吸気エンジンの魅力にも抗し難い。RC、まだまだ楽しませてほしいクルマである。

RC／RC F

●4700(4710)mm×1840(1845)mm×1395(1390)mm／2730mm／1680〜1770kg●①4968cc, V8DOHC, 481PS／7100rpm, 54.6kgm／4800rpm②3456cc, V6DOHC, 318PS／6600rpm, 38.7kgm／4800rpm③2493cc, 直4DOHC, 178PS／6000rpm, 22.5kgm／4200-4800rpm, モーター:交流同期電動機, 105Kw(143PS), 30.6kgm④1998cc, 直4DOHCターボ, 245PS／5200-5800rpm, 35.7kgm／1650-4400rpm●8AT／CVT●FR●576.9万〜1449万円
※写真はRC F

LCクーペ／LCコンバーチブル ……… レクサス
日本のドリームカー。走りも姿も世界に誇れる

街ですれ違うレクサスLCのうち結構な割合をコンバーチブルが占めている気がする昨今である。どうせLCを買うなら屋根が開くのにしようと考える人が少なからず存在する、そんな世の中になったんだなと考えると、少しだけ嫉妬心も抱きつつ、やはり嬉しくなってしまう。

LCのラインナップはボディがクーペとコンバーチブルの2種類。クーペにはV型8気筒5・0L自然吸気エンジンのLC500と、V型6気筒3・5Lエンジンと電気モーターを組み合わせたハイブリッドのLC500hという選択肢があるが、コンバーチブルは前者だけの設定とされる。

実はそのソフトトップが折り畳まれ、収納される場所に、ハイブリッドではまさにバッテリーが載っているため、仕方なくこうなったとも言えるのだが、それならばとコンバーチブルはルーフを開けた時にそのエンジンサウンドを思い切り楽しませるようチューニングしているというから今どき、痛快だ。

強化されたボディはミシリということもなく、フットワークは正確だし、何より快適。風の巻き込みも程よく抑えられているから、雨が降っていない限りは積極的に開けて走りたくなる。

コンバーチブルでも走りがこれだけしっかりとしているだけに、クーペのフットワークは走りに純粋に没頭させてくれる仕上がりとなっている。登場初期に較べて乗り心地は落ち着き、リアの安定感が増した分、操舵応答もシャープになっていて、コーナーワークがとにかく楽しいのだ。

LC500hのハイブリッドパワートレインも、電気モーターの活躍する範囲が広がって、走りが一層上質、且(か)つ小気味良いものになった。実は案外、クーペのLC500hを優雅に乗るというのも大人っぽくていいかな？　なんて思ったりもする。買えるわけでもないのに悩みは尽きない、まさに世界に誇れるドリームカーである。

▶LC クーペ&コンバーチブル

●4770mm×1920mm×1345(1350)mm/2870mm/1940～2060kg●①3456cc, V6DOHC, 299PS/6600rpm, 36.3kgm/5100rpm, モーター:交流同期電動機, 132kW(180PS), 30.6kgm②4968cc, V8DOHC, 477PS/7100rpm, 55.1kgm/4800rpm●10AT/CVT●FR●1327万～1500万円

※写真はLCコンバーチブル。

GT-R……日産
従来の速さのままに乗り心地洗練。継続を望む

デビューが2007年10月だから、何ともうすぐ登場15年という節目が訪れるのが日産GT-Rである。当時のインパクトは今も忘れられないが、驚くべきは今になっても尚(なお)、その独特のオーラが決して失われていないということである。

それはGT-Rが今も一線級のパフォーマンスを持っているということを意味する。もちろんコースや状況によって、どっちが速いだ遅いだという話はあるだろうが、少なくともサーキットなどで、背後に迫る姿が緊張感をもたらす存在であり続けていることは間違いない。

そんなGT-Rの2022年モデルに特別仕様車「T-spec」が設定された。開発初期段階のコンセプトに立ち返ったというこのモデル、試乗車はR34型で使われたボディ色、ミレニアムジェイドをまとっていて、これがブロンズのホイールとよくマッチしている。もう1色のミッドナイトパープルも、これまたR33型時代の色なのだが、こういう歴史の引き出しをうまく使うセンスは、なかなかイイ。

外観ではカーボン製リアスポイラーも特別装備。他にエンジンカバーやバッジ、内装トリムなども専用品とされている。

メカニズムの一番の特徴はNISMOやトラックエディション以外では初のカーボンセラミックブレーキの採用だ。そして足元にはレイズ製のアルミ鍛造ホイールを履くのだが、実はそのリム幅は標準の9・5Jから10・0Jにワイド化されており、それに伴ってフェンダー、フロントプロテクターも微妙に幅が広い専用品とされている。まったく、何と贅沢な仕立てなんだろうか。もちろん、サスペンションもそれに合わせたチューニングとなる。

実際、走り出した瞬間にニヤッとしてしまったのは乗り心地が格段に洗練されていたから。20インチのランフラットタイヤは従来通りなので最初の当たりは硬いのだが、その先の動きがしなやかで、とて

▶GT-R

●4710(4690)mm×1895mm×1370mm/2780mm/1720〜1770kg●3799cc, V6DOHCターボ, 570(600)PS/6800rpm, 65.0(66.5)kgm/3300-5800(3600-5600)rpm●6DCT●4WD●1082.8万〜1788.2万円

もいい感じなのだ。

実はカーボンセラミックブレーキは効きや耐久性も優れているが、それだけでなく軽さという利点がある。バネ下が軽くなれば乗り心地が良くなるというわけで、実は先にコレを採用していたサーキットスペシャルのＮＩＳＭＯの方が場面によっては乗り心地も良いという状態になっていた。Ｔ－ｓｐｅｃはこれを採り入れたというわけである。

フットワークも軽やかさを増している。ステアリングの中立付近の手応えはやや薄めな気もするが、操舵に対するレスポンスは良く、左右に切り返すようなコーナーで嬉しさを実感できる。

私が自分で購入して乗っていた２００７年のＧＴ－Ｒは、一般道ではまるで重戦車を移動させているようだったが、15年を経て普段の何気ない時間も歓びと感じさせるクルマに進化した。思わずそんな感慨に浸ってしまったが、動力性能は相変わらず、いや実際にはあの時以上に凄まじく、ひとたび全開にすれば凄まじい加速と、加速感を味わわせてくれるのは、今も変わらないのであった。

そんなＧＴ－Ｒだが、このまま行けば２０２２年８月からの騒音規制をクリアできず、姿を消すことになるかもしれない。対策され、多少静かにはなっても続けてくれればいいのだが、それは日産として果たしてペイできることなのかが問題である。

収益性だけで計れる話ではない、ということは改めて言うまでもないだろう。そこを含めてどう考えるのか。間違いなく言えるのは、一旦停めた時計をまた動かすのは続けるより何倍も大変ということだ。

但し、もし継続してくれるなら単なる延命処置を施すだけでなく同時に進化もしてほしい。メカニカルノイズの低減、古さの出てきた運転席まわり、インフォテインメントのアップデート、運転支援装備の採用にできればＤＣＴの多段化など、これから15年先までとは言わないまでも、当面は現役で居られるスペックがあれば、それこそ未来に繋がっていくことになるだろう。このクルマ、それを受け止められるだけの素性は持ち合わせているはずである。

スポーツカーは無くなる？

カーボンニュートラルの大波を乗りきれるか

これほどまでに充実している日本のスポーツカーではあるが、一方で危機が完全に過ぎ去ってしまったというわけではない。とりわけカーボンニュートラルという旗印が掲げられ、クルマ全体がそちらに邁進していく中でのスポーツカーの立ち位置は、ハッキリ言って危うい。

実際、ホンダＮＳＸの販売終了は、電動化へと大きく舵を切ると宣言したホンダの中で居場所を失ってしまったからと見ることもできるだろう。もちろん、販売不振が一番の理由だったことは言うまでもないが、ともあれリソースをどこかに集中させようとすれば、真っ先に目がつけられるのは、世の役にはさして立たない、事業性も低いスポーツカーからだというのは、これまでの歴史が繰り返してきた通りである。

環境優先の流れには逆らえない

カーボンニュートラルと電動化がほぼイコールで語られるようになってくると、更に旗色は悪くなる。とは言えハイブリッドであればレクサスが実現していて、それはそれでひとつの世界を築いている。マルチステージハイブリッドシステムを使ったレクサスＬＣ５００ｈなどは、自分でも欲しい1台だ。

ではＢＥＶになるとどうか。もちろんＢＥＶのスポーツカーだってあり得るだろう。しかし現在の技術から言って、圧倒的に軽い車重を実現するのは難しいし、そもそもＢＥＶでも内燃エンジン車と同じような快感をもたらすことができるのかどうかは、今のところは訝しいと言うほかない。

ＢＥＶというわけではないが、マツダはロードスターも将来、何らかのかたちで電動化すると公言している。ロードスターらしさ、すなわち軽さだったりマツダの言う人馬一体の境地だったりを失わないかたちでの電動化が一体どんなものかは興味深い。

環境という意味では、実は走行音規制の強化も大きく影響してくることになりそうだ。日産GT－Rのページでも触れたが、2022年8月以降の新しい走行音規制の下では、実は今販売されているスポーツカーのいくつかは、少なくともそのままの姿では販売を継続することができなくなる。まさに今、そこにある危機である。

スポーツカーと環境技術開発の両立も

しかしスポーツカーは無くならないと、私は思う。実際に日産はまさに今、新型フェアレディZを登場させたほどだ。今後、更にサウンドが規制されても、たとえ内燃エンジンではなくなったとしても、この火が消えることは、きっと無い。

たとえBEVだけの世の中になったとしても、人はきっとスポーツカーを作るだろう。そして作られれば競争になり、切磋琢磨が進み、研ぎ澄まされたものが出来てくる。なので実は、この点についてはあまり心配はしていない。しかも、そうやってBEVのスポーツカーが進化していけば、その成果は実用BEVにも必ず波及してくるはずだ。

そう、役立たないなどと書いたが、スポーツカーにはこうやって技術開発を牽引する役割もある。その意味で注目したいのが、2022年のスーパー耐久シリーズにトヨタとスバルが、GR86とBRZの先行開発車両で参戦して、公開開発テストを行なうという話だ。両車はガソリンではなくバイオ燃料を使用し、しかも86はGRヤリス用を改造した直列3気筒1・4Lターボエンジンを積むというのである。

内燃エンジンのカーボンニュートラル化実現のために期待されているバイオ燃料の開発は、まさしくスポーツカーの、そしてそれだけでなくすべてのクルマの将来に繋がるものと言える。市販スポーツカーをベースにした車両で戦うこのレースは、最高の実験室になるに違いない。

ファンの面前で開発を行なうというのも面白い。皆が目撃者になるわけで、そのストーリーは骨太なものになるだろう。スポーツカーには、こうした物語性も大切な要素である。皆が熱く思い入れられる対象を求めている。それに見合ったクルマと、興味深く自らも主体となれるストーリーが提供されるならば、スポーツカーはきっと無くなることはない。

役に立たないからこそ、無くならない！

世の中の役に立つ実用車は、極端に言えば、もっと役立つものが出て来た時、それに取って代わられることとなるだろう。自動運転の時代が来れば、おそらく自分で運転する実用車は姿を消すに違いない。

けれども、そもそも役に立つための存在ではないスポーツカーには終わる理由が無いのだ。強いて言うならば、誰もそれを求めなくなったときが、スポーツカーの終焉ということになるのだろう。

つまりスポーツカーが無くなるか否かを決めるのは、明日のスポーツカーを作るのは、私たちだということである。もっとスポーツカーを楽しみ、もっと語り合いたい。この特集を作ってみて、改めて強くそう思った次第である。

SUBARU・トヨタ

SUBARU

TOYOTA

バイオマス由来の合成燃料を使用し、来年のスーパー耐久シリーズに挑戦

レースでカーボンニュートラルに挑戦する

トヨタの発表資料より。2021年11月13日に「スーパー耐久レース in 岡山」の会場で行われた記者会見にて、スバルとトヨタは2022年のスーパー耐久シリーズに、バイオマス由来の合成燃料で走るBRZ／GR86で参戦し、実証実験を行うと発表した。この会見には、川崎重工、スバル、トヨタ、マツダ、ヤマハの社長が一同に会し、各社が内燃機関を使ったカーボンニュートラルへの挑戦を、レースや共同研究を通してさまざまな形で行うことが発表された。カーボンニュートラルと、モータースポーツやスポーツカーが、必ずしも矛盾しないことを示す象徴的な出来事と言える。

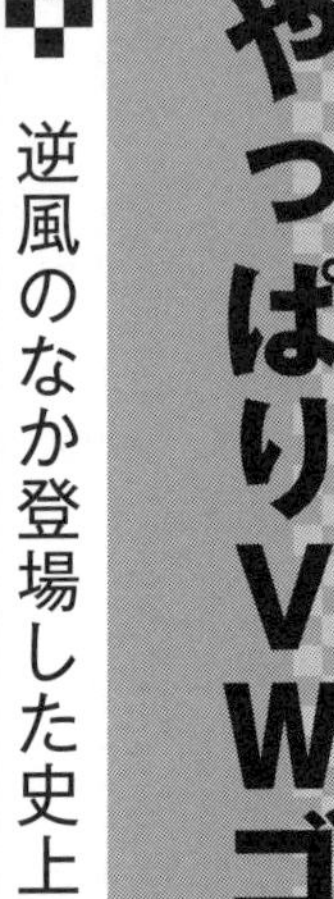

第3特集 やっぱりVWゴルフ

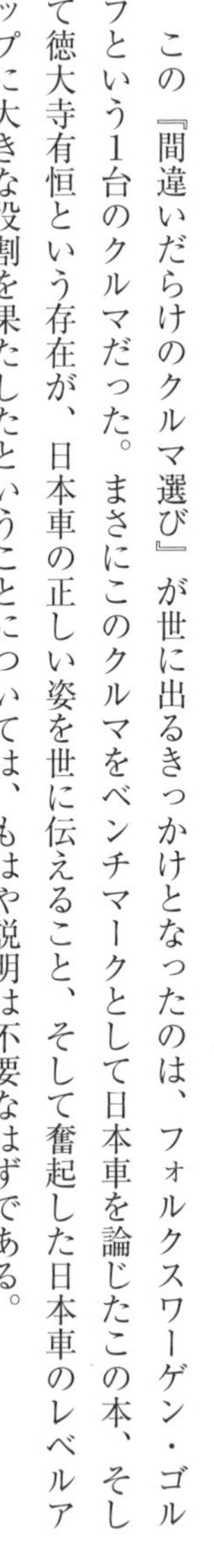

逆風のなか登場した史上最高のゴルフ

この『間違いだらけのクルマ選び』が世に出るきっかけとなったのは、フォルクスワーゲン・ゴルフという1台のクルマだった。まさにこのクルマをベンチマークとして日本車を論じたこの本、そして徳大寺有恒という存在が、日本車の正しい姿を世に伝えること、そして奮起した日本車のレベルアップに大きな役割を果たしたということについては、もはや説明は不要なはずである。

ゴルフの凄さは、初代以来ずっとその圧倒的な地位をキープし続けてきたことだ。何しろ1974年のデビュー以来、7世代にわたっての話である。それにはやはり感服するほかない。

そんなゴルフの将来に不安が立ち込めるようになったのは、他でもないフォルクスワーゲン自身の電動化シフトが発端だ。量販BEVのID．3発表時に言われたのは、これはビートル、ゴルフに続く第3の幕開けだということ。つまりゴルフがビートルに置き換わったようにID．3がゴルフに置き換わる、ゴルフの時代はじきに終わるとメーカー自身により引導が渡されたわけである。

功労者ゴルフに対して、ずいぶんな仕打ちだな。正直、そう思った。しかも、その直後にデビューした新型ゴルフ、内容はプラットフォームを先代から継続使用するというものだったから、さては手を抜かれてしまったのか。そんな風に考えたのを覚えている。

ところが実際には新型ゴルフ、通称〝ゴルフⅧ〟は、いつもと変わらず、いやそれ以上に素晴らし

第3特集

VWゴルフ 目次

い仕上がりだった。ドライバーとクルマのインターフェイス、フットワーク、初めてマイルドハイブリッド化されたパワートレインなど、あらゆる部分が大幅な進化、いや革新を遂げて、またも世界の乗用車を牽引するクルマとして世に出たのである。

おそらく今のフォルクスワーゲン本社は、電動化やデジタル化を推進する人たちの声が大きく、コツコツと良いクルマを作ってきた職人的な人たちは、窮屈(きゅうくつ)な思いをすることがあるに違いない。実は2019年末にポルトガルで開催された国際試乗会に参加した時に開発陣とじっくり話をしたのだが、彼らはもちろん、そんなことは言わないものの、しかしゴルフに賭ける思いのアツさは、これまで以上と感じられた気がしている。

無論いつかはゴルフの時代にも終わりが来るのかもしれない。しかし少なくとも今、我々の目の前にあるのが史上最高のゴルフだということは事実だ。

電動化だ何だと騒がれる今こそゴルフ。今こそ乗るべき1台の登場である。

VWゴルフ……ドイツ

またも半歩先行く存在に。脱帽…

通算8世代目となる新型ゴルフが、いよいよ日本上陸を果たした。初対面は2019年末の国際試乗会の時だったから結構待たされたことになるが、その甲斐はあったと、初めに断言してしまおう。改めて試したこの〝ゴルフⅧ〟、乗用車のベンチマークとして今を、そして未来を見据えた会心の出来映えだったと報告したい。

初対面の時には、ちょっと目つきが悪く思えたスタイリングも、見慣れると間違いなくゴルフであり、しっかり鮮度もあるという印象に変わってきた。太いCピラーを持つハッチバックフォルムは、遠目にも他の何かと見誤ることはない。

嬉しいのは全幅が10㎜とは言え狭くなったこと。1790㎜というサイズは、この日本では本当にジャストと言っていい。

10・25インチと10インチの2枚の画面が並ぶ運転席まわりも、最初は老若男女ユーザーを問わないゴルフのようなクルマにはちょっとやり過ぎではないかと思ったものだが、今改めて見ると決して先進的過ぎるわけではないと感じる。この1年半で周囲が追いついてきたということならば、ゴルフはやはり半歩先を行っていたということだろう。

実際、使い勝手は紛れもなく先進的なのだが、それもあくまで目線の先にはユーザーが居るというのは、使ってみてすぐに感じるところだ。多用されたタッチスイッチは、運転中の操作には向かない気がするものの、「手元を暖める」や「足元を冷やす」といった項目を選ぶだけで最適な空調環境を作り出すスマートクライメート機能や、画面上のアニメーションから欲しい機能をオン・オフできる運転支援装備の操作系などは、さすがと唸らされてしまった。

先進技術は、それをひけらかすためでなく、使い勝手を高めるためにこそ用いる。これぞまさしくゴルフと感心させられるばかりである。

走らせても、やはりゴルフはゴルフ。自らが設定

▶VW ゴルフ

●4295mm×1790mm×1475mm／2620mm／1310〜1380kg●①999cc, 直3DOHCターボ,110PS／5500rpm, 20.4kgm／2000-3000rpm, モーター: 9.4kW（13PS）, 6.3kgm②1497cc, 直4DOHCターボ, 150PS／5000-6000rpm, 25.5kgm／1500-3500rpm, モーター:9.4kW（13PS）, 6.3kgm●7DSG●FF●295.9万〜381.1万円

した高い基準をまたも塗り替えたという印象だ。特に驚いたのは直列3気筒1・0Lターボエンジンとマイルドハイブリッドを組み合わせたeTSIアクティブ。乗る前には「ゴルフに3気筒ね…」という寂しいような思いが無くはなかったのだが、実際には電気モーターの巧みなアシストで発進から力感に不満はない。エンジンの20・4kgmに対して、電気モーターは6・3kgmもプラスしてくれるのだから、さもありなんである。

しかも燃費だって、所詮マイルドハイブリッドでしょとバカにできないほど良い。ブレーキのタッチだけは及第点ギリギリだが、総じてゴルフのパワートレインとして不満は皆無と言っていい。

そしてシャシーがまた素晴らしい。想像以上にしなやか、いやソフトな乗り心地に最初はゴルフらしくないなと面食らったが快適なのは間違いない。その上、ワインディングロードでは姿勢変化こそ大きいものの、それがコントロール性、挙動の予測性の高さに繋がっていて、絶大な安心感の下にコーナリングを楽しめるのだ。

今やこのセグメント、日本車の進化も急と評価しているのだが、ゴルフⅧのフットワークは正確性の高さ、懐の深さ、重厚感、上質感…と、どこを取っても最上級を更新していた。今回はシャシー、基本はMQBでキャリーオーバーだというのに。

高性能だというだけではない。とにかく乗っていて、使っていて楽しい、小気味良いというのが新型ゴルフの印象である。いい道具は使っていて気持ちがいい。派手ではないけれど、日常の伴侶として手放せない存在になる。新型は、そんなゴルフの魅力を改めて思い出させてくれた。

それでいて価格も、エントリーのeTSIアクティブ・ベーシックは300万円を下回る。Bセグメントまで含めた昨今の日本車の価格を見れば、差は大きくないと言っていい。

振り返ればいつだってそうだったのだが、今回もゴルフのフルモデルチェンジには圧倒されてしまった。まさに脱帽である。

VWゴルフ・ヴァリアント……ドイツ

荷室も後席も拡大。多人数乗車にも◎

ゴルフⅢの時代に初めて設定されたワゴンボディのゴルフ・ヴァリアントも新型が導入された。ハッチバックより345㎜長い全長4640㎜のボディがこれまでと大きく異なるのは、ハッチバックに対してホイールベースを50㎜伸ばしていること。しかもルーフラインは後端までストレートではなく緩やかに下降していて、機能一辺倒な感じを薄めている。正直、そのサイドビューを見た時には一瞬、これが本当にゴルフなのかと思ってしまった。

荷室は通常時611L、最大1642Lという上のクラスを喰うほどの大容量。両手が塞(ふさ)がっている時でも足のジェスチャーで開け閉め可能なパワーテールゲートも設定されており、使い勝手は上々だ。

そうは言いつつ、実は容量自体は先代との差はそれほど大きくはない。むしろ拡大されているのは後席スペースで、前席を私のポジションに合わせた状態でも尚(なお)、膝の前に握り拳ふたつ分以上のゆとりがあるから、寛(くつろ)いで座ることができるのである。

ハッチバックと同様、エントリーグレードのeTSIアクティブを除くモデルには、前席左右に加えて後席も独立調整可能な3ゾーンオートエアコンが備わるから、案外新しいヴァリアントは沢山の荷物を積み込むつもりの人だけでなく、多人数乗車の機会が少なくない人にもアピールしそうだ。

走りっぷりはゴルフ同様、しなやかな足さばきが印象的である。ホイールベースが伸びた分、幾分か動きは穏やかかもしれないが、それもヴァリアントには合っている。パワートレインは1・0Lターボだと、空荷ならば十分かなというところ。人や荷物を沢山載せる前提ならば、1・5LターボのeTSIスタイルかRラインがいいだろう。

見た目には、ちょっと立派になり過ぎたかなとも感じたが、乗ってみればやはりゴルフ。優れた後席居住性という新たな特徴を得て、更に多くの人にアピールしそうだ。

▶VW ゴルフ・ヴァリアント

●4640mm×1790mm×1485mm／2670mm／1360〜1460kg●①999cc, 直3DOHCターボ,110PS／5500rpm, 20.4kgm／2000-3000rpm, モーター:9.4kW(13PS), 6.3kgm②1497cc, 直4DOHCターボ, 150PS／5000-6000rpm, 25.5kgm／1500-3500rpm, モーター:9.4kW(13PS), 6.3kgm●7DSG●FF●310.1万〜395.3万円

日本における今後の展開

GTIにTDI、ゴルフRも楽しみだ

導入にこそ少々時間を要したものの、ハッチバックの発売から間髪いれずにヴァリアントも追加された新型ゴルフ。この後も2022年にかけてラインナップは続々、拡大されていくはずである。

ちょうど導入が始まったのがお馴染みのゴルフGTIである。赤いストライプがアクセントの外観、タータンチェックでコーディネートされたインテリアなどは、まさに定番の仕上がり。エンジンはこれまで通りの2Lターボだが、最新のEA888evo4ユニットのスペックは先代の限定車GTIパフォーマンスに並ぶ最高出力245PS、最大トルク37・8kgmに達する。先代以上に刺激的な走りだ。

クリーンディーゼルエンジンを積むTDIも追加された。そのエンジンは先代より確実にスムーズさを増していて、しかも至極トルキー。自分で乗るならコレが筆頭候補となりそうである。

更にもう少し先にはゴルフRも入ってくるだろう。ハイパワーユニット+フルタイム4WDの大人のスポーツ・ゴルフ。こちらも楽しみにしたい。

気づけばゴルフもずいぶん立派な値段になっているが、しかしそれはゴルフが高くなったのではなく日本が安くなったんだということは、読者諸兄には説明は不要だろう。そんな中、むしろこの値付けは頑張っている方である。何しろ日本のCセグメント車との価格差、ほとんど無いか、むしろ逆転しているくらいなのだから。

日本車も今や非常にハイレベルな仕上がりで決して負けていないと思っていたが、新型ゴルフに乗ると、やはりまだそこには大きなギャップがあったのかもしれないと思わされてしまう。しかも日本勢は、価格で言い訳はできないのだ。そういう意味でも、「今こそゴルフ」なのである。

▶VW ゴルフ GTI

●4287mm×1789mm×1478mm／2627mm／1463kg●1984cc, 直4DOHCターボ, 245PS／5000-6500rpm, 37.7kgm／1600-4300rpm●7DSG●FF●--万円
※日本モデルのスペック未公表。

▶VW ゴルフ TDI

●4284mm×1789mm×1456mm／2627mm／1280〜1365kg●1968cc, 直4DOHCディーゼルターボ, 150PS／3000-4200rpm, 36.7kgm／1600-2750rpm●7DSG●FF●--万円
※日本モデルのスペック未公表。

PART 2

クルマ界はどうなる?

01 EVシフト大合唱

「EVにすれば問題解決」は考えが甘い！

欧米に追随した自動車のＢＥＶ（バッテリー式ＥＶ）シフトだけが２０５０年のカーボンニュートラル達成のための唯一の道ではなく、日本という国の実情、電源構成などに応じたやり方を考えなければならない。さもなければこの国の自動車産業は強みを削がれ、国際競争力を失い、関わる５５０万人の雇用が脅かされる……この1年、日本自動車工業会（以下〝自工会〟）の豊田章男会長が何度も述べてきたのは、このことである。相手は世界に向けたパフォーマンス的にＢＥＶ推進に傾いていた当時の政府であり、電動化をＢＥＶ化と短絡的に読むメディアたちだ。

必ず上がるのが、単にこれまで培ってきた内燃エンジンという強みを失いたくないだけだという声だが、自工会、つまり日本の自動車産業が守りたいのは内燃エンジンそのものではないだろう。ホンダの三部敏宏社長が、優れたエンジン技術者は他の領域でも変わらず優れた手腕を発揮するものだと述べていた通り、それは大した問題ではない。

守りたいのは、ひとつは雇用である。単にエンジンを作る仕事が無くなるというだけの話ではない。ＢＥＶには電気モーターとバッテリーが必要だが、ではそのバッテリーはどこで作るか。自工会の試算では、乗用車の年間販売台数約４００万台をすべてＥＶにすると、現状の約30倍の供給能力が要るという。「そんな工場すぐには建てられない」とヨソから買ってくれれば、国富は流出して雇用は失われるという話である。

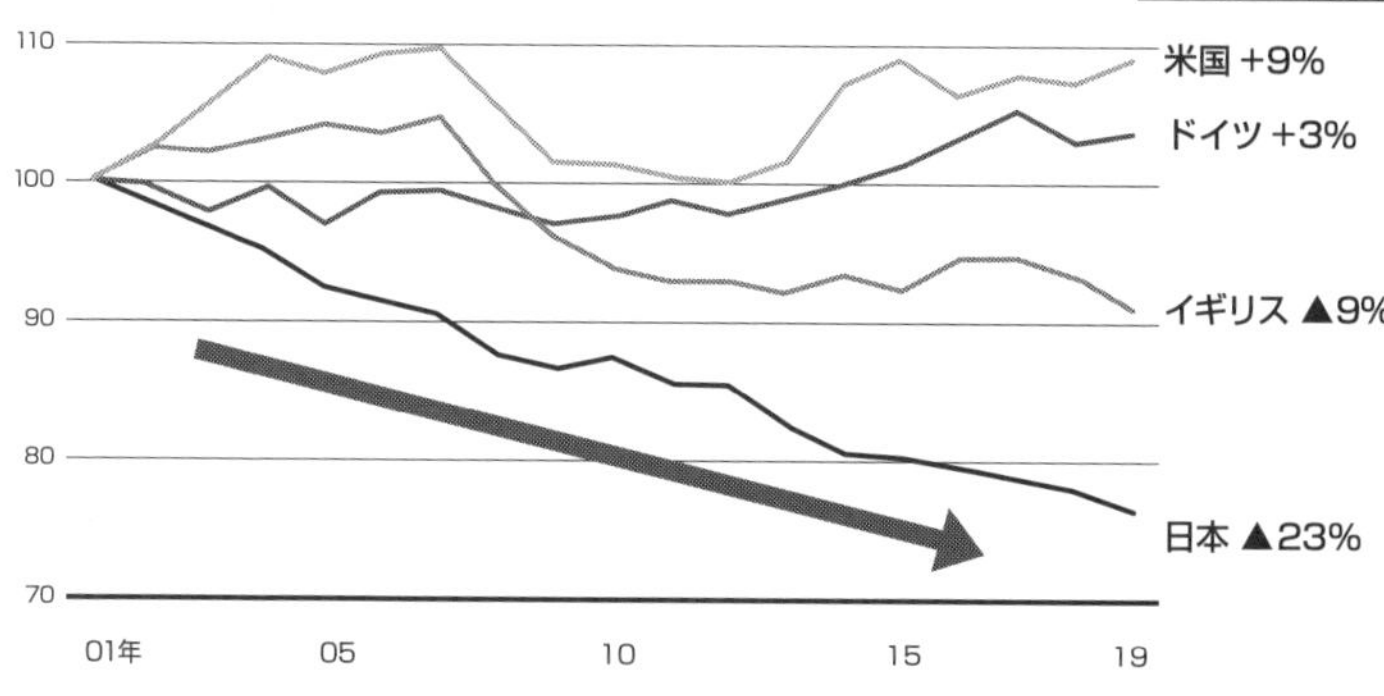

過去20年の自動車CO_2排出量の国際比較。自工会の資料より作成。電動車率36%となっている日本のCO_2削減幅は、国際的に見て非常に大きい。

エネルギーとしての電気も、大きな問題だ。まずは基本中の基本、発電能力が足りない。保有すべてをＢＥＶにすると仮定すると、夏の電力ピーク時には10～15％の増強が必要だというが、それは原発なら10基、火力発電なら20基分にも相当するという。

そもそも日本の電源構成は火力発電が約77％、再生エネルギーと原子力は約23％に過ぎない。単にクルマをＢＥＶに置き換えても、ＣＯ$_2$問題の解決にはならないのだ。

カーボンニュートラル実現には生産時のＣＯ$_2$削減も求められる。もしヨーロッパで検討が始まっている車両製造時のＣＯ$_2$発生量に応じた課税が現実のものになれば、輸出産品としての自動車は成り立たなくなる。工場の海外移転が進み、メーカーによっては日本を捨てることになるかもしれない。

菅前首相の下で打ち出された２０５０年カーボンニュートラル方針に、自工会も賛同し全力でチャレンジすると宣言した。しかし、この時に豊田会長はこうも付け足している。「これは国家のエネルギー政策の大変革でもあり、欧米や中国などと同様に政策的、財政的支援が必須だ」と。至極正論と言うべきだろう。

家電も半導体も一時は世界をリードしていたにもかかわらず、あれよあれよという間に国際競争力を失った、ここ日本。官民一体とならなければ、自動車もその二の舞になってしまう。

では日本の自動車はどのようにカーボンニュートラルを目指すべきか。まずハイブリッドを中心に据えるのは不変だろう。２０２０年末の会長会見で示された日本市場の電動化比率は約35％で、約68％のノルウェーに次ぐ2位。遅れているって？　販売台数で見ればノルウェーが約10万台のＢＥＶ、日本が約１５０万台のハイブリッドである。２０２１年には特にヨーロッパのＢＥＶ比率は大幅に向上しているはずだが、それでもハイブリッドが持つ普及力は絶対に活用していくべきと言える。

続いては水素だ。充填インフラの整備が進まないのがもどかしいが、そもそも燃料電池自動車（ＦＣＥＶ）が売れていないのだからしょうがない。諦めず、魅力的なモデルを登場させてほしいが、実は燃料電池は乗用車よりも大型車、バスなどに、より多くの可能性がある。また工業用ディーゼルエンジンとの置き換えも有力ということで、あるいは水素の利用はこちらがまず盛んになり、その後で再び乗用車に降りてくるかたちとなるかもしれない。

水素に関してはヨーロッパも改めて注目しており、ドイツなどは国策として推進を始めている。日本だけのガラパゴスな技術などではまったく無いのである。

そして２０２１年、大いに話題になったのが水素エンジンである。マツダやＢＭＷが断念した水素エンジンに再点火したのはトヨタ。耐久レースに水素エンジン搭載車を投入して技術を磨き、仲間を募ってきた。同じ水素を使っても、低負荷域で高効率な燃料電池に対して、水素エンジンは高負荷域に大きなメリットがあるという。よって乗用車より、これも長距離大型トラックなどがもっとも適していると言われる。グリーン水素（水の電気分解で生産する水素）が普及してくれば、ＢＥＶの大型トラックなんかよりはるかに現実味がある存在になりそうだ。

ｅフューエルにも期待したい。再生可能エネルギーから生み出した電気を水素に変換し、CO_2などと組み合わせて作るこの燃料、自工会は開発を推進していくと宣言している。

そのメリットは、今世の中を走るすべてのクルマを、この燃料だけでカーボンニュートラルな存在に変えられるということ、これに尽きる。問題はやはりコストだが、すでにｅフューエルをレース用に投入しているポルシェは、２０３０年に1リッター当たり2ドルを目指すと言っているから、決して天文学な数字というわけではない。

11月にグラスゴーで開催されたＣＯＰ26に出席した岸田新首相は、スピーチの中で自動車に於ける カーボンニュートラルの推進について触れた。それだけでも異例のことだが、その中身もグリーンイノベーション基金の2兆円を活用して、次世代電池やモーター、水素、合成燃料の開発を進めるという、まさにＢＥＶだけがカーボンニュートラルの道ではないという方向をバックアップするものだった。また、火力発電のゼロエミッション化に向けても1億ドル＝約１１０億円規模の事業方針が打ち出された。これらはまさに自工会の訴えに呼応したもので、政権交代で潮目が変わったようである。

態勢は整った。あとは技術開発、そしてそれをいかに魅力的なプロダクトに落とし込んでいくかの勝負である。充電環境などが整ってくるＢＥＶか、カーボンニュートラルに近づいていく内燃エンジン車か、それとも水素エンジンか……多様な選択肢を楽しめる未来に期待したい。

02 水素エンジン

次世代モータースポーツ用として、サイコーかも

先に触れた水素エンジンを積むレーシングカーの走行に立ち会えたのは、2021年の私的なトピックのひとつである。初陣の富士24時間レース、そして岡山でのスーパー耐久シリーズ最終戦を取材し、その開発の模様を追いかけたのだ。

水素カローラの参戦のきっかけは、トヨタでWEC（世界耐久選手権）に参戦、今年のル・マン24時間を制した小林可夢偉選手の進言だったという。トヨタ自動車の豊田章男社長とテストコースで試作車に乗り、これはモータースポーツに向いていると意気投合したというのだ。

水素エンジンなら、グリーン水素を用いることでカーボンニュートラルを実現できるのはもちろん、これまで内燃エンジンでレースをしてきたエンジニア達が今持っている技術を活かせるし、魅力的なエンジンサウンドも残る。しかもレースという実戦の場では信じられないようなスピードで技術開発が進むというのも、大きな理由となった。この水素カローラ、富士ではいくつかのトラブルに遭遇するも無事に24時間を走りきった。水素充填に時間がかかることもあり順位は上ではなかったが、ラップタイムは初戦としては出来すぎなほど速く、しかも何よりガソリン車より甲高いサウンドに、思わず聞き入ってしまった。水素は燃焼速度が速いので、音が変わるのだ。

現状での一番の問題は燃費である。今はもっと進化しているだろうが、富士の時はマージンを取ったのもあるがガソリン車の倍以上の回数、ピットストップを行なっていた。

水素エンジンカローラのレース走行。180L の水素タンクを積む。

とはいえ、まだよちよち歩きの技術だけに進化の伸びしろは大きいはずだ。水素は着火性が良いのでリーン燃焼（希薄燃焼）を追求しやすい。水素タンクの一層の高圧化も考えられるし、あるいは液体水素を使う手だってある。液体水素はマイナス２５３℃ときわめて低温なだけに燃焼面で有利だし、温度保持が大変とはいえ体積が気体の１／８００まで小さくなるのも見逃せない。

燃料をリーンにしていくと水素はＮＯ$_x$（窒素酸化物）が出なくなる。水素は燃焼させてもＣＯ（一酸化炭素）やＨＣ（炭化水素）が出ないから触媒は不要で、理屈としてはストレートマフラーでも良くなる。そうすればサウンドもレスポンスも今のガソリンエンジンより良くなるだろう。モータースポーツ用エンジンとして、サイコーでは？

乗用車はＨＥＶ、ＰＨＥＶ、ＢＥＶにＦＣＥＶを重量やサイズなどで使い分け、大型トラックやバスはＦＣＥＶに。趣味性の高いスポーツカーは内燃エンジンをｅフューエルで動かし、レースは水素。そんな使い分けがいいのではないかというのが今の私の見立てである。

03 EVの使い勝手

充電をめぐる面倒は解消どころか悪化する？

アウディe－tron GTのような魅力的なモデルに乗ると、自宅に充電環境の無い私でも、次はこういうBEVに乗りたいという気分になってくる。しかし冷静になって考えるとBEVを特に長距離の移動に使おうというのは、まだハードルが高い。

問題はやはり充電である。クルマの方は出力150kWのようないわば超急速充電に対応するものが出てきているが、一般の充電施設の多くは当然まだ未対応だ。それどころか既存の急速充電器でも最速の50kW出ているものは多くなく、20kWというものもザラにある。

ポルシェ・タイカンの取材で木更津に行った帰り、回り道して急速充電を試みた。しかし30分で充電できたのは、30～40km走行分に過ぎなかった。往復10kmくらいかけて来たから、つまり30分以上を費やして20～30km上乗せするに留まったのだ。これだと充電器はあってもアテにはしづらい。

しかも充電マナーを守らない輩（やから）は少なくないから頭が痛い。特に、自分のあとに充電待ちをしている人が居るのが分かっていながら、30分経ったところで悪びれることもなく〝おかわり〟の充電を始めるような人には、さすがにちょっと待ってと言いたくなる。

もちろん、1回の充電で30～40km分では、高速道路ならPAごとに充電になるだけに理解はできる。でも、ここは譲り合いだろう。

急速充電器の出力を上げてほしいが、それは設備投資のコストを大きく跳ね上げる。1箇所への複

数口の設置も同様。しかも、出力を複数台で分けるため速度が落ちるから、先に来ていた人から嫌な顔をされることも。何とめんどくさいことだろう！

斯様（かよう）に充電環境の整備には課題が山積み。そろそろ初期に設置された急速充電器は老巧化により置き換えが必要になってくるから、そのタイミングで出力アップ、あわせて複数口化を進めてほしいし、もちろん設置数の拡大も求めたい。予約、順番待ちはスマートフォンのアプリなどで出来るようにしてくれたら尚（なお）いいのだが……。

保有台数の中のＢＥＶの割合はまだほんの数％。それなのにこんな状況なのだから、割合が10％に、20％に増えた時に何が起こるかは考えただけでも憂鬱になる。これもまた急速なＢＥＶシフトを唱える向きに疑問符を投げかけるひとつの理由である。

トヨタｂＺ４Ｘのソーラーパネル付きなら年間最大１８００㎞を太陽光充電で走れる。興味をそそるが、それでもまだ出先での充電は必要である。少なくとも私のＢＥＶシフトにはまだ時間がかかりそうだ。

04 「軽」の行く末

EV化できるか、すべきか？変革は必至だ

この国の事情からして、カーボンニュートラルを目指す際に悩ましいのが軽自動車だ。軽々しく電動化、電動化と騒ぐが、果たして軽自動車の場合も速やかな電動化が正義なのだろうか？

とはいえ現時点でも、すでにスズキなどは内燃エンジンに小型モーターを組み合わせたマイルドハイブリッドを軽自動車でも展開している。燃費、ドライバビリティの両面で効果はしっかりあり、コスト高もざっくり10万円前後と悪くはない。これはひとつの解としてアリだろう。

しかし、もう一歩推し進めようとなると難しい。バッテリー容量を増やせばコストは増えるし、それに比例して燃費が伸びるかといえば、車両が重くなることを考えても微妙なところ。

そもそも軽自動車は全般に走行距離が短い。それで、どれだけカーボンニュートラルに貢献できるのかと考えると、難しいところだろう。

一方、走行距離の短さをポジティヴに捉えたのが日産・三菱が投入予定のBEV軽自動車である。バッテリー容量は20kWhというから航続距離は200km台前半だろうか。軽としては十分だと考えれば、いっそBEVというのは確かにアリだ。地方ではガソリンスタンドの数が減っていることが問題になっているが、自宅で充電すればいいBEVは、その点でも向いている。

もっとも、理屈として優れているからといって、うまく行くとは限らない。保守的なユーザーの気持ちをBEVに向けるのは、とても泥臭い仕事になる気もする。ここはお手並み拝見である。

ダイハツの動きにも注目だ。先日発表されたロッキーのe－スマート・ハイブリッドは、内燃エンジンを発電用に特化させ、駆動は電気モーターで行なうシリーズハイブリッド。簡単に言えば、e-POWERのダイハツ版なのだが、ダイハツはこれを軽自動車にも速やかに展開していくとしている。

ＴＨＳⅡを使わなかったのは、より低い速度域での効率を重視するためであり、新鮮なドライバビリティを提供するためでもあるだろう。

しかもシリーズハイブリッドならば、内燃エンジンを下ろしてバッテリーを増やせば容易にＢＥＶ化もできるというあたりは見逃せない。

いずれにせよ、軽自動車が今のままでいいとは言えないということだ。これまでもずっと言ってきたように、コンパクトカーと燃費が変わらないならば、税制優遇の根拠は無い。目的は電動化ではなくカーボンニュートラル。それは軽自動車についても同様、いや実は一層差し迫った議論なのだ。

⑤マツダ次の一手

2022年に始まる再攻勢を刮目して見よ

2021年は目立った新車が無かったマツダ。しかしながら、これは当初のスケジュール通りで、まさに2022年、そしてそれ以降の飛躍に向けた準備を整える時間だったようだ。

実はこの間に防府工場が新しくなった。1本の生産ラインで従来のエンジンを横置きするスモールアーキテクチャーに加えて、エンジン縦置きのラージアーキテクチャー、更には電気自動車までフレキシブルに生産できるように改変したのである。

エンジンの向きが違うというだけでなくプロペラシャフトの有無も異なり、いやそれどころかエンジンは無く電気モーターとバッテリーを積むクルマも一緒に流すというのは並大抵のことではない。ここまでの図式が描けていたからこそ、マツダは意欲的な戦略を立てることができていたわけだ。

このラージプラットフォームを使って、まずはSUVをグローバルに4車種用意することも明らかにされた。これには直列6気筒エンジンを用いた48Vマイルドハイブリッド、そして4気筒エンジンと組み合わせるPHEVが用意されるなど、電動化ラインナップも拡充されることになる。

そう、マツダといえば内燃エンジンにこだわるイメージが強いが、実際は決してそういうわけではない。カーボンニュートラルの実現に向けて、今後はMX－30EVに続いて電動化も積極的に推進していく方針だ。実際、2017年に発表した「サステイナブル〝Zoom－Zoom〟宣言2030」では2030年の全車電動化、BEV比率5％が謳われていたが、2021年5月の決算会見で

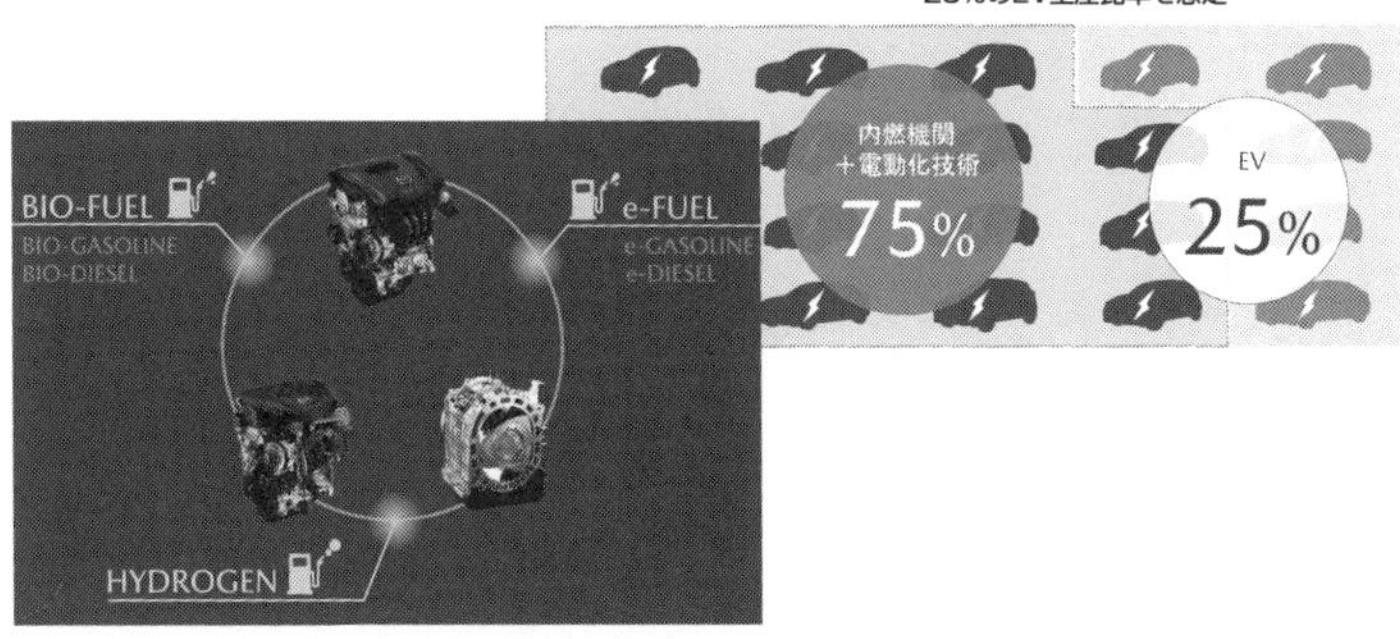

マツダのプレゼン資料より。直近の車種展開だけでなく、将来の EV 生産比率や、水素・e フューエルなどの活用についても言及された。

はそのうちのＢＥＶ比率が25％にまで高められた。

但し、前提にマルチソリューションという考え方があることに変わりはない。再生エネルギーでの発電比率が高まればＢＥＶがCO2削減の最適解だとしても、現状はまだその段階にはなく、電動化を進めつつも内燃エンジンも同時に進化させ、段階的にゴールに近づいていくという方向だ。

実際、現在のスモールアーキテクチャーはガソリン、ディーゼル、スカイアクティブXの3種類の内燃エンジンの他に24Ｖ電装系のマイルドハイブリッド、ＢＥＶという幅広いパワートレインを持つに至っている。そして２０２２年には、いよいよロータリーエンジンを発電機として使ったＰＨＥＶが導入される予定である。

その上でラージ商品群も登場するのだから、２０２２年以降のマツダは本当に目の離せない存在となるだろう。２０２５年までにグローバルでハイブリッド5車種、ＰＨＥＶ5車種、ＢＥＶ3車種を投入するというスケジュールがすでに示されている。

話はまだ終わらない。マツダは２０２５年よりＢＥＶ専用のスケーラブルアーキテクチャー、つまり様々な車両サイズに対応する基本骨格を導入するとも宣言した。スモールアーキテクチャーはＭＸ－30を見れば分かるように大容量バッテリーの搭載を前提としていない。ラージも同様で基本設計は内燃エンジン車用で、ＰＨＥＶまでがターゲットである。２０３０年までに販売の25％をＢＥＶ化するとなれば、それだけでは足りないという判断だろう。

一方、新たに明らかにされたのが水素、バイオフューエル、ｅフューエルの活用という方向性だ。技術陣は、マツダはこれらの所謂（いわゆる）オルタナティブフューエルについても、すぐに活用できる技術資産を積み重ねてきていると明言する。

特に注目したいのは、ここでもやはり水素だ。何しろマツダはかつて水素ロータリーエンジンを真剣に開発しており、２００６年にはそれを積むＲＸ－８ハイドロジェンＲＥを少量ながらリース販売している。しかも発電用とはいえロータリーエンジンが復活するわけだから、期待するなと言っても難しい。もしも水素ロータリーエンジンを発電機、あるいは速度や走行状態によっては直接駆動にも用いるＰＨＥＶなんてものが実現したならば、CO_2をほとんど排出せず、静かで滑らかで、かつ長距離走行も苦にしないクルマが出来上がる。マルチフューエル対応で、水素充填が叶わない時にはガソリンでも走行できるとなれば、実用性も十分以上に高い。何より、マツダにしかできないプロダクトだというのは大きいだろう。

実際、この説明会で可能性について訊いた時には前向きな答が得られたので期待していたのだが、先日、水素に関するシンポジウムで、スカイアクティブエンジンの開発者であり現在はマツダ・シニアイノベーションフェローの人見光夫氏が「燃焼させるならピストンエンジンの方が有利」と話していたから、可能性はしぼんでしまったかもしれない。とはいえ、ロータリーには搭載性に活きるコンパクトさという魅力もある。期待は捨てずにおこう。

可能性としてはバイオフューエル、eフューエルの方が高いかもしれない。ロードスターのような軽さが大事で、走る歓びが重要なクルマには最良だろう。もっとも電動化に関しても、ロードスターらしいかたちを考えるというのが現時点でのマツダの回答である。

MX－30に乗って改めて実感したのは、電気モーターの優れたドライバビリティは、マツダの目指す人馬一体という考えとのマッチング、実は非常に良いということだ。そんなわけで今後のラインナップについても、今より確実に高価格化してくるであろうラージ商品群をどう売っていくかはともかく、走りに関する部分は実は心配していない。

そうやって電動化を一層、積極的に進めていく一方で、内燃エンジンの燃料の面での進化にも更に一歩、踏み込んだ意欲を示したマツダ。今後はまさにマルチソリューションでカーボンニュートラルを、マツダ車らしい走る歓びを高めながら目指していくことになる。

更に2022年には、居眠り時や緊急時などにドライバーの状態を見て自動的に減速、停止、緊急通報などを行なうマツダ・コ・パイロット1・0も導入の予定だ。自動運転技術を活用して、より安心して自らステアリングを握ることを楽しめるクルマを生み出してくるあたり、こちらもまことにマツダらしい。

そんなわけで、そろそろ準備は整いつつある。2022年はマツダの再攻勢が見られそうだ。

06 IAAとドイツ車

電動化の先に夢のクルマを見出そうとしている

2021年9月にドイツ・ミュンヘンで開催されたIAA（ドイツ国際モーターショー）の取材に出掛けた。実に約1年半ぶりの海外取材である。出発予定日に日本がドイツからハイリスク国指定されることとなり、いきなり入国管理が強化されたり、帰国の際には日本だけが世界と異なる書式を求めているPCR検査に戸惑ったりで、本当に神経のすり減る旅になったが、久しぶりに世界に出て違う文化に触れたのは、やはり刺激的だった。

IAAはこれまで長らくフランクフルトで開催されてきた。しかし前回、環境団体のデモが激化したことなどもあり、今回から舞台がミュンヘンに移され正式名称もIAAモビリティに。内容も、自動車以外のモビリティ全般に範囲を拡げ、出展は電動化車両を中心とするものに変化することとなったのである。

それもあって出発前には正直、本当に行く価値があるのかという思いも無いではなかった。しかし、やはり現場には実際に足を運んでみなければ解らないもの。興味深い取材が出来たし、意識を変えさせられるところも多々あったのだ。特に強く印象に残っているのがメルセデス・ベンツのブースである。並んでいたのはほとんどがBEV、あるいはPHEVだったのだが、決して退屈なんかではなく、むしろクルマ好きとして興味が募るモデルばかりだった。

その内の1台、メルセデスAMG GT63 S Eパフォーマンスは V型8気筒4・0Lツインターボ

エンジンを積むＰＨＥＶで、システム最高出力は８４３ps、最大トルクは実に１４２・９kgmにも達する。一方、バッテリー容量は６・１kWhと小さく、ＥＶ航続距離はたったの12kmだという。メルセデスＡＭＧのチーフ・テクノロジー・オフィサーに訊くと「ＥＶ航続距離を求めるユーザーにはメルセデス・ベンツに多くの選択肢があります。メルセデスＡＭＧはあくまで高性能車のブランドなのです」という答が返ってきた。実際、出力とレスポンスが得られる電動化は、メルセデスＡＭＧのようなブランドにとってピンチではなくチャンスだとも氏は話していた。何とも痛快な答ではないだろうか？

出展の多くが電動化車両だったのは、必ずしもＩＡＡが変質したからというだけではない。ヨーロッパでは電動化はいつか来る恐れるべきものではなく、今そこにある現実。未来の夢のクルマは、その先にある。そんなマインドシフトが彼の地のプレミアムメーカーの間ではすでに起きていて、電動化も新しいクルマの楽しみに変えようとしているのだ。彼らは本当にしたたかなのである。

07 PEC東京

ポルシェ好きの理想郷。走りを楽しむリゾートだ

2021年10月に千葉県木更津市にポルシェ・エクスペリエンスセンター（PEC）東京がオープンした。スポーツドライビングやブランド体験のための施設と謳うここには、いわゆる周回コースのハンドリングトラックのほかに、低μ路、オフロード、ドリフト練習用の円周コースなどが用意される。そして自分のクルマではなく施設が用意するポルシェで、コーチ同乗で走行するのだ。運転免許証が無ければコーチの運転の助手席体験という手もある。またゲストハウスにはドライビングシミュレーター、ショップ、カフェやレストランなどが揃い、走らなくても楽しむことができる。

早速訪れたのだが、ここはポルシェ好きにとっての理想郷だと感じた。運転を愛する人ならば、ここに来たらポルシェ好きになること、間違いない。

目玉はやはりハンドリングトラックだ。全長2・1kmのコースにはラグナセカの〝コークスクリュー〟、ニュルブルクリンク北コースの〝カルーセル〟といった世界のサーキットの名物コーナーが再現されている。

この東京は世界9番目のPEC。思い返すと私はLA、ル・マン、シルバーストーン、ライプツィヒ、上海……と、結構色々訪れているのだが、東京が他と決定的に異なるのは、自然をできるだけ維持して、元々の地形を活かしたコースになっていることで、高低差は40メートルもある。

それもあって走行速度は約100km／hに制限されているが、一度走れば、それに不満を言う気な

どなくなるはずだ。私自身、911カレラSで走ったら鼓動は速まり、手にも汗をかいてしまった。ポルシェの高性能をしっかり味わえるし、間違いなく運転の鍛錬になる。
　価格は車種に応じて変わるが大体4万円台からで走行時間は90分。どのコースを走るかは自由に選べる。タイヤもブレーキパッドもいくら減らしてもいいのだから太っ腹である。
　高性能スポーツカーの性能をフルに引き出して楽しもうと思ったら、もはや公道は狭すぎる。かといって、いきなりサーキットでは敷居が高い。千葉県にはプレミアムカーの販売で知られるコーンズもドライビングリゾートを開業する予定であり、今後はこうしたクルマの楽しみ方、そして楽しませ方が増えてくるに違いない。
　私が思いついたのは朝練である。朝8時の走行開始に一番乗りしてドリフトサークルでみっちりマシンコントロールを学び、楽しんでから1日の仕事や遊びのスケジュールをスタートさせるのだ。もしかしたら2022年は、皆さんと現地でお会いするかも？

R32GT-R購入！楽しさ・面白さを満喫中

2021年は中古車価格の上昇が話題になったが、そんな最中に私自身も実は3台も中古車を購入してしまった。90年式の日産スカイラインGT-R、99年式のホンダS2000、そして85年式のシトロエンBX16TRSである。

新車当時はまだ若かったので、自分ではしっかり向き合ったことがないのが引っかかっていたR32~34のいわゆる第2世代GT-R。値段が上昇してきていたので、この機を逃したらもう乗ることはないだろうと思い切った。実はR33もR34も試したのだが、R32が漂わせる世界を獲るぞという気合いみたいなものにやられた次第だ。

しかも手に入れたら、当時の開発に携わっていた方、今の日産の方々、ショップさん、業界の先輩方等々が本当に嬉しそうな顔をしてくれるから、更に楽しくなってしまった。このクルマが帯びていた熱気は、今も色褪せていないということか。しかも走らせれば、正直こんなに楽しいクルマだったっけ？　というくらい面白くて、やはり買ってみるものだなと自分を納得させている。

これはリフレッシュを兼ねて、足まわりなど現代のパーツでチューニングをしてみてもいいかなと思っている。今もって、そんな風にアレコレ妄想させるクルマなのだ。

S2000はノーマークだったのだが、取材でたまたま乗ったクルマが楽しく、思わず手を出してしまった。当時のホンダ車は今乗るとボディ、シャシーなど華奢な印象だが、9000rpmまで回る2

ＬのＶＴＥＣエンジンだけは凄まじく元気。出来る限りオープンにしてエンジンを回している。

ＢＸもやはり一度乗ってみたかったクルマだった。初代フィアットパンダとどちらか出てきたら乗ろうと、ずっと捜索していたのだ。

初年度登録から36年、走行15万㎞というクルマなので今はまだ整備中、いや室内の徹底清掃から手掛けているところだが、このクルマはとにかく愛らしい。エンジンをかけて、ハイドロニューマチックサスペンションによって車高がムクムクと上がってくるのを見ているだけで幸せになれる……なんて言ってないで、早く仕上げて乗らなければ。

さすがに台数を増やし過ぎだが、２０２２年に登場しそうな新車も、トヨタbZ4Xやホンダ・シビック・ハイブリッド、あるいはクラリティ後継のＦＣＥＶなど気になるものがいくつもあるから、ラインナップはまた増減したり入れ替わったりするのだろう。徳大寺有恒さんの名言「クルマは買っても、売っても、損をする」が脳裏をよぎり、自分のことながら頭が痛い。

PART 3

車種別徹底批評
［国産車］

＊各車のサイズ、エンジン性能、価格等を写真の下に表記した。
表記されているどの情報も、原則として2021年11月現在のものである。
価格は消費税込みの車両本体価格を1000円未満四捨五入で表記した。
●【全長】×【全幅】×【全高】／【ホイールベース】／【車両重量】●①【総排気量】，【エンジン形式，ヴァルブ形式】，【最高出力】／【回転数】，【最大トルク】／【回転数】，②……　●【トランスミッション形式】●【駆動形式】●【価格帯】
ハイブリッド車（HV）、プラグインハイブリッド車（PHEV）、電気自動車（EV）、燃料電池車（FCV）などについては適宜、モーターの形式と出力、電池容量、水素タンク容量、航続距離などの情報も記した。

＊著者主宰のYouTubeチャンネル「Ride Now」と連動し、論評する車種の試乗動画を閲覧できるようにした。掲載のQRコードをスマートフォンなどでスキャンすると動画が見られる。

Ride Now https://www.youtube.com/c/RideNow

2022 今期のベスト3台

1 トヨタ

カローラクロス

振り返ってみると2021年は、ホームラン級のクルマは少なかったかもしれない。しかし良い当たりのヒットは、ベスト10にしたいくらい沢山出たという印象だ。ベスト3どころか

今期の1位はトヨタ・カローラクロスにした。カローラ史上初のSUVとして登場したこのクルマ、特に新機軸があるわけではない。ハードウェアはFF版のリアに新開発のトーションビーム式サスペンションを使う以外は、ほぼ有り物。そこに特に奇をてらうことのない機能性重視のスクエアなデザインのボディが載る。言わばそれだけなのに、これが実に気持ち良いのだ。

視界が良く取り回しに不安はなく、乗り味はしなやかで本当にハンドリングしやすい。普通だけれど、普通のレベルがきわめて高い。

喩（たと）えて言うなら、決して高級などではないけれど、仕事が丁寧でとても旨い定食屋。ハレの日のための1台ではなく毎日付き合うならば、

3 VW

ゴルフ

2 日産

ノート・オーラ

こういうのこそいいんだよなというクルマに仕上がっている。

それは、まさにカローラに期待される姿そのものと言える。SUVになっても、いや今の時代にはSUVだからこそ、こういうド真ん中のカローラが生まれたのかなと思う。おまけに価格もまさにカローラなだけに、コレがあったら、他はもう要らないのではなんて言いたくなってしまうのだ。

2位はノート・オーラである。ノートも非常に良く出来た、そして独創の技術が光るコンパクトカーだが、オーラはそれに加えて小粋なデザイン、気の利いたボディカラーの設定、内装のこだわりの素材使いなどで、クルマ選びやクルマのある毎日に、彩りや潤いを与えてくれる存在だと感じている。

自分で購入するならば、ボディカラーは今の気分だとステルスグレー。内装をエアリーグレーの本革か、標準のツイード調織物／合皮コンビのどちらにするかは本当に迷う。駆動力制御による超絶フットワークが楽しめるe-POWER ４ＷＤにすることだけは決まっているという具合である。

日本車で、こういうセンスのクルマが出てきてくれたことが本当に嬉しい。ノートは価格、もう少し抑えたいが、オーラはもう少し上げてもいいんじゃない？　なんて半ば本気で思うほどなのだ。

３位がＶＷゴルフである。基本骨格が先代の踏襲ということもあり小幅の進化かと思いきや、その走りの仕立てはさすがの一言。特にｅＴＳＩアクティブのエンジンと電気モーターの見事な連携ぶり、驚くほどしなやかな乗り心地と優れたコントロール性を両立させたフットワークには感服した。

使い勝手の面でも、スマートクライメート機能のように将来のクルマの基準を示すような機能をしっかり搭載。あとはひたすら基本に忠実だが、そのレベルがやはり際立って高い。

やはりゴルフは今でも間違いなく乗用車のベンチマークだと、改めて実感させられた。これのＴＤＩなんて、長く乗る伴侶としては最高の選択になる気がしている。

次点はまずはホンダ・シビック。見た目も走りも気に入っているが、関係者の誰もがｅ：ＨＥＶはいいよと言うので、２０２２年にそれを見てから判断したい。そしてメルセデス・ベンツＳクラス。古くからのファンを納得させるラグジュアリー性と、世界の若き新しいユーザーを魅了する先進感、そして軽やかな走りの両立ぶりに、改めてこのブランドの強さを見た。そして右ハンドルでも問題なく、最高のドライビングファンを味わえるシボレー・コルベットも、昨期に続いて挙げておきたい。

コロナ禍、半導体不足、部品供給問題などで多くのクルマの発売、納車に影響が出ている。２０２１年に乗り逃したクルマ、２０２２年にはしっかり味わえることを願いたい。

ブーン……ダイハツ／パッソ……トヨタ

推すポイント見つからず。次期型はある？

ダイハツが開発、生産してダイハツではブーン、トヨタではパッソとして販売しているこのクルマも現行モデルが3世代目。小さなサイズながら室内が広く、小回りも効き、走りだって悪くなかった初代のことを思うと、特に個性も旨味も楽しさもない現行モデルは、なんとも掴みどころが無いというか、積極的に推すポイントも見つけにくいクルマである。

軽自動車の質が高まっているとはいえ、登録車のコンパクトカーにだって、まだできることはあるだろうし、コスト等々を言い訳にするならやめて軽に力を入れた方がいい。登場から5年。次があるとすればそろそろだろう。ロッキー／ライズのようにDNGAを使って生み出されるなら基本性能は悪くないものができそうだが、それだけで買う気になるかといえば、また別。登録車ならではの、コレを選んで良かったと思わせる何かを身につけていてほしい。

▶パッソ

●3650(3680)mm×1665mm×1525mm／2490mm／910〜960kg●996cc, 直3DOHC, 69PS／6000rpm, 9.4kgm／4400rpm●CVT●FF／4WD●126.5万〜190.3万円

ソリオ……スズキ

ライバルに惑わされ美点喪失。ガッカリ

新型ソリオはボディサイズが大きくなった。全長80㎜、全幅20㎜の差でしかないとも言えるが、しかし元々小さいサイズのクルマでは、それだけでも無視することのできない違いになり得る。

先々代では、一軒家の5ナンバーサイズの車庫に入れて、尚且(なおか)つ隣に自転車を並べるという使い方が多いからと、全幅をそれに合わせた1620㎜に留めていたソリオ。しかし先代ではデザインのためと言って5㎜幅広くなり、そして新型ではまた更に…というわけである。

このサイズ拡大で意識したのは、ソリオが切り拓いた市場に入り込んできて、今やその何倍もの台数を売りまくっているトヨタ・ルーミー／ダイハツ・トールの存在に違いない。これとの比較で特に後席の快適性をうるさく言われたことで、新型ソリオはサイズアップに踏み切った。それでもルーミー／トールの全幅1670㎜まで広げていないのは、スズキの良心と見るべきなのだろう。

実際、後席は余裕が増している。左右別々にスライドとリクライニングが出来て、折り畳む時には座面が沈み込んでフラットな空間を生み出せる。一方、おかげで中央席ヘッドレストが無いのは、今どき本当にあり得ない話なのだが。後席用のサーキュレーターが用意されたり、USBソケットなども充実しているのだが、それより前に考慮すべきことがあるはずだ。

荷室床面長は100㎜も増えて、最大で奥行き715㎜の余裕あるスペースを生み出している。全長拡大分より長くなっているのは、バックドアの内張りにまで工夫を凝らしたおかげである。

パワートレインは従来も使われていた直列4気筒1・2LエンジンにISGを用いたマイルドハイブリッドという組み合わせになる。走らせてみると、最大トルクはエンジンの12・0kgmに対して、電気モーターは5・1kgmもあるだけに、マイルドとい

▶ソリオ

●3790mm×1645mm×1745mm／2480mm／960〜1040kg●①1242cc，直4DOHC，91PS／6000rpm，12.0kgm／4400rpm，モーター:直流同期電動機，2.3kw(3.1PS)／1000rpm，5.1kgm／100rpm②1242cc，直4DOHC，91PS／6000rpm，12.0kgm／4400rpm●CVT●FF／4WD●151.6万〜214.8万円

う範疇に収まらないほどのアシスト感でグイグイ加速していく。それこそ軽自動車とは違った余裕を感じさせるところである。但し、街中のゴー・ストップでは加速が重たげだし、回生を取りにいくためかブレーキのタッチも良くない。絶対性能は悪くないが、ドライバビリティは煮詰める余地、大きい。

　普段の乗り心地は上々だ。サスペンションのしなやかさは期待以上で、後席も快適なのだが、一方で走りはフラフラと横風の影響を受けやすいし、ステアリングもピシッとセンターが出ていなくて、とにかく頼りない。ボディ剛性の強化は謳われているが、走りには活きていないようだ。

　クルマ好きのためのクルマじゃないんだから、こんなもんでいいでしょうという話ではない。どんな人にも安心してドライブしてもらえる走りが、こういうクルマこそ大事なはずである。

　ステレオカメラを使った運転支援装備のスズキ・セーフティ・サポートの機能は充実していて、グレードによっては全車速追従機能付きのＡＣＣも備わる。カラーヘッドアップディスプレイまで装備できるのには驚いてしまった。

　ヒット作となれば市場にライバルも参入してきて、イヤでもそれを意識しないわけにはいかなくなる。ましてや永遠のライバルであるダイハツとトヨタの連合軍に美味しいところを持って行かれてしまったのだから動揺もするだろう。

　しかし結果として新型ソリオはそちらにすり寄る一方で、大事にしてくれていたユーザーを置いてきぼりにしてしまったという感は否めない。悪いクルマというわけではないが、要はポリシーはないのかという話である。しかも走りっぷりが何とも頼りないのだから、まったくどうしてこうなってしまったのだろうか。

　販売は順調で、数は稼いでいるからそれでいいのかもしれない。けれども、そういうわけで新型ソリオには少々がっかりさせられたというのが率直な印象だ。スズキがスズキらしいクルマを作らなくて、一体どうするつもりかという話である。

トール……ダイハツ／ルーミー……トヨタ／ジャスティ……スバル
売れるが勝ち？ もっと良いクルマ作ろうよ

スズキ・ソリオがコツコツと切り拓いてきた市場に2016年に殴り込んできたのがダイハツが開発し、トヨタ、スバルでも売るこの兄弟車連合である。スペース効率は素晴らしいし前方の見晴らしも良く、取り回しにも優れるから軽自動車より少し余裕が欲しいという人にとってはいいだろう。室内の仕立てなども、安っぽく見せないのは巧みだ。

しかし、そもそもパッソ／ブーンでも余裕のないシャシーを無理くり膨らませた車体は補強のおかげで重く、ターボが欲しくなるのだが、すると燃費は劣悪になる。しかも乗り心地も出た時からすでに古臭いという感じで、走りに関してはホメるところがない。良いのは全車速対応のACCくらいだろうか。

しかし、これが売れているのである。売れているからこそ、これでいいと思わず「もっと良いクルマを作ろうよ」と思ってほしいのだが。

トール

●3700（3705）mm×1670mm×1735mm/2490mm/1080～1140kg●①996cc，直3DOHCターボ，98PS/6000rpm，14.3kgm/2400-4000rpm②996cc，直3DOHC，69PS/6000rpm，9.4kgm/4400rpm●CVT●FF/4WD●155.7万～209万円

スイフト／スイフト・スポーツ…………スズキ

「スポーツ」は本当に楽しい。本当に尊い

久しぶりにスイフト・スポーツのステアリングを握って、改めて本当に楽しいクルマだなと実感した。このクルマの動力性能は、日本の狭い道で使い切れそうと思わせる、ちょうど良いところにある。思い切ってアクセルを踏める歓びが、何とも嬉しい。

現行モデルは軽量化によって車重を1トン未満に抑えた上に、エンジンを1・6L自然吸気から1・4Lターボに置き換えたのが特徴。最高出力140PSはこの軽さには十分だし、2500〜3500rpmという低回転域で生み出される23・4kgmの最大トルクも強力。どこからでも小気味良いレスポンスが返ってくるし、6速MTも迷ったら高いギアのままで余裕で加速態勢に入れる懐深さに繋がっている。

6速ATは従来のCVTからトルコンATに変更されている。こういう特性のエンジンなので、こちらもマッチングは上々である。

そして何と言っても、このクルマはコーナリングがイイ。全幅を1735㎜まで拡大してトレッドを広げたことで、曲がる感覚はとてもダイレクト。お馴染みモンローのダンパーもいい仕事をしていて、硬めの脚をひたひたと接地させ続ける。

スイフト・シリーズは2020年に従来はオプションだった運転支援装備をひと通り標準装備とした。車線逸脱抑制機能、標識認識機能、ブラインドスポットモニター等々はどれにも標準で、しかもAT仕様ならば全車速追従機能付きACCまで付いてくる。爽快な走りを安心して楽しむことができるのだ。

それにしてもこのスイフト・スポーツ、何と200万円をほんのわずかに超える価格で買えてしまうのだから、その存在は本当に尊い。スポーツカー特集には入れなかったが、こういう多くの人が手軽に乗れて、普段使いでも楽しく、しかもソノ気になればサーキット走行まで楽しめるようなクルマがあることこそ、日本がいかにスポーツカー天国かと示しているると思うのである。

▶スイフト

●3855(3845)mm×1695mm×1500(1525)mm/2450mm/840～970kg●①1242cc, 直4DOHC, 91PS/6000rpm, 12.0kgm/4400rpm, モーター:直流同期電動機, 2.3kw(3.1PS)/1000rpm, 5.1kgm/100rpm②1242cc, 直4DOHC, 91PS/6000rpm, 12.0kgm/4400rpm, モーター:交流同期電動機, 10kw(13.6PS)/3185-8000rpm, 3.1kgm/1000-3185rpm③1242cc, 直4DOHC, 91PS/6000rpm, 12.0kgm/4400rpm●5AGS/5MT/CVT●FF/4WD●137.7万～214.1万円

▶スイフト・スポーツ

●3890mm×1735mm×1500mm/2450mm/970～990kg●1371cc, 直4DOHCターボ, 140PS/5500rpm, 23.4kgm/2500-3500rpm●6AT/6MT●FF●201.7万～208.9万円

ヤリス……トヨタ

走りの気持ちよさに説得力アリ。実力派

正直に言うと、ここまでヤリスが支持されるとは思わなかった。もちろん従来のヴィッツとは比較にならないくらい良いクルマだと私も評価している。フットワークは軽快だし、何よりハイブリッドの燃費の良さは尋常ではない。けれど後席や荷室はライバルと較べて広くはないし、走りの良さを言うのはクルマ好きくらいなもので…と思っていたわけだが、実際このセグメントのトップをひた走っているのは、このヤリスなのだ。

気持ちの良いその走りは、十分に説得力がある。ドライビングポジションはペダルの配置も含めて自然で、まずそれだけで好印象。ドライバーがクルマの中央、それも低い位置に座ることになるので、四隅に均等に目が届くという感覚である。

ボディは軽く、そして剛性感に富んでいて、これを土台にサスペンションがしなやかによく動く。細い15インチタイヤのグレードでも、執拗に接地感を保ち続けてくれるから安心感は高い。

パワーユニットはやはりハイブリッドのインパクトが大きい。電気モーターだけで走る領域が広がり、しかもアクセル操作に対するトルクの出方がうまく調律されているから力強く滑らかに走るし、何より特に工夫しなくても30㎞／Ｌ近い実燃費をあっさり叩き出してしまうのだ。一方の１・５Ｌエンジンもパワフルで、特に6速ＭＴとのマニアックな組み合わせもあったりして面白い。

このヤリス、２０２１年5月には改良の手が入っている。目玉はレーダークルーズコントロールの全車速追従機能付きへの進化。電動パーキングブレーキを持たないので停止保持はできないが、渋滞などでもツカエるものになったのは間違いない。その他、安全装備も快適装備も充実が図られている。

こんな実力派ヤリスがあるのにトヨタは更にアクアまで新型を投入してきた。このセグメント、ライバルはますます付け入る隙が無くなりそうである。

▶ヤリス

●3940mm×1695mm×1500(1515)mm/2550mm/940〜1180kg●①1490cc, 直3DOHC, 91PS/5500rpm, 12.2kgm/3800-4800rpm, フロントモーター:交流同期電動機, 59kW(80PS), 14.4kgm(リアモーター:交流誘導電動機, 3.9kW(5.3PS), 5.3kgm)②1490cc, 直3DOHC, 120PS/6600rpm, 14.8kgm/4800-5200rpm③996cc, 直3DOHC, 69PS/6000rpm, 9.4kgm/4400rpm●CVT/6MT●FF/4WD●139.5万〜252.2万円

フィット ホンダ

やや失速気味。デザインが芯を外してる？

昨年もフィットの販売に勢いがないと書いたが、その状況は今も続いていて、どうも元気が無い。売れていないわけではないが、ヤリスにもそして後発のノートにもじわり差をつけられている。

クルマとしての出来は良い。もはや新鮮味こそ無いものの、センタータンクレイアウトとロングルーフのシルエットにより室内空間の圧倒的な広さは今もって色褪せることはないし、新型の細身としたAピラーがもたらすワイドな視界は大きな魅力だ。

先代で不満だった走りも、しっかりとしたボディと良く動く脚まわりの組み合わせで、道を選ぶところはあるものの見違えるようになった。e：HEVと呼ばれる2モーターハイブリッドの搭載で、静かで滑らかで力強い走りと、ヤリスには敵わないもののまずまずの燃費も得ている。エンジンだって4気筒で上質感があるし、ホンダセンシングも制御が緻密で、本当にツカエる運転支援装備になっている。

では何がソソらない要因なのかと言えば、やはりデザインの話になってしまう。カワイイ方向を狙ったつぶらな瞳のその顔は、男性ユーザーはちょっと引いてしまうだろうというのは昨年も書いたことなのだが、シンプルで私としては気に入っているインテリアも、もしかすると一般ユーザーにはちょっとオシャレ過ぎる、そして素っ気なく高級感の無いものと映るのかもしれないと、最近思うようになった。

ヤリスもノートも方向性は違えど内外装はもっと幅広いユーザーにとってわかりやすいものになっているのは間違いない。マツダ2だって上質感の表現という意味ではド直球だと言っていい。

それに較べるとフィットは、都会に住んで「ていねいな暮らし」に憧れるような人にターゲットが絞られ過ぎているのではないか。気負ったグレード名も含めて、つまりもう少し平均的な生活感に寄り添ったところがあってもいいのかもしれないということである。いやはや「カッコ良い」は難しいのだ。

▶フィット

●3995(4090)mm×1695(1725)mm×1515(1540,1545,1565)mm/2530mm/1070〜1280kg ●①1496cc, 直4DOHC, 98PS/5600-6400rpm, 13.0kgm/4500-5000rpm,モーター:交流同期電動機, 80kW(109PS)/3500-8000rpm, 25.8kgm/0-3000rpm②1317cc, 直4DOHC, 98PS/6000rpm, 12.0kgm/5000rpm●CVT●FF/4WD●155.8万〜259.2万円

ノート…………日産

クルマとしては本当に◎。価格設定は△

ほぼ9年ぶりの刷新となった新型ノート。随分待たされたが、その出来映えは、待たされただけのことはあると唸らせるものと言える。

クールな雰囲気が独自の個性を主張する外観に、デジタルパネルとタッチスクリーンを連結させたダッシュボードが先進感を醸し出すインテリアなど見た目からして魅力があるし、室内の余裕だって実は広さ自慢のフィットに負けていない。このセグメントとしては大きめだった先代より55㎜切り詰められたとは言え4045㎜ある全長が効いているのだが、最小回転半径はライバル同等の4・9mに抑えられているから取り回しも悪くない。まずはコンパクトカーとしての入口が、しっかり押さえられている。

その上、新型はe-POWER専用車とされて、コンパクトカーらしからぬ力強く質高い走りを実現している。ルノーと共同開発のCMF－Bプラットフォームの実力も高く、確かな接地性を備えたフットワーク、滑らかで静かな乗り味を実現している。実際、一気に300㎞ほど走る機会もあったのだが、疲れ知らずでドライブを楽しめた。

当然それにはプロパイロットも貢献している。地図データを元に設定速度変更、カーブでの減速などを行なう機能を追加したことで、制御がなかなか途切れることがなく、ずっとリラックスして運転し続けることができるのも嬉しいポイントだ。

こんな風にクルマとしてはケチのつけどころの無い新型ノートだが、問題は価格が高いことである。他社のハイブリッド車との比較で見ればベース価格はそれほど高いわけでもないが、例えばプロパイロットを付けたいだけでも、アレもコレもセットで買わなければならず、購入価格が跳ね上がってしまうのは問題だ。これは要改善と言いたい。

ましてノート・オーラが追加されたのだから、ノートはもう少し、リーズナブル感があってもいい。その方がお互いが活きるはずである。

▶ノート

●4045mm×1695mm×1505(1520)mm/2580mm/1190〜1340kg●1198cc, 直3DOHC, 82PS/6000rpm, 10.5kgm/4800rpm, フロントモーター:交流同期電動機, 85kW(116PS)/2900-10341rpm, 28.6kgm/0-2900rpm(リアモーター:交流同期電動機, 50kW(68PS)/4775-10024rpm, 10.2kgm/0-4775rpm)●固定ギア比●FF/4WD●203万〜279.6万円

ノート・オーラ……………日産

新しさも走りも◎。が、これも価格戦略が…

2020年秋に発表されたノートには実は隠し玉が用意されていた。2021年秋から発売が開始されたひとクラス上級のモデル、その名もノート・オーラだ。振り返れば先代ノートは、先々代のノートそしてティーダの2車種のユーザーをまとめて取り込もうとしたモデルで、そのために上級版としてメダリストというグレードを設定していたのだが、その目論見はうまく行かなかった。ノートはe-POWERの投入以降売れはしたが、かつてのティーダに乗っていたような上級志向のユーザーにはアピールできなかったのだ。ノート・オーラの狙いは、まずは彼らのような人たちということになる。

ベースは一緒で、CMF－Bプラットフォームや第2世代というe-POWERなどのコア技術も踏襲している。見た目もほぼ…と思いきや、実は外装パーツは多くが専用設計とされているのだ。

発表済のBEV、アリアをモチーフに、フロントマスクには超薄型LEDヘッドライトが使われ、Vモーショングリルの役割もLEDライトが担っている。左右のテールランプが連結されているのも、やはりアリアに倣（なら）ったものである。

そして最大の違いが、実は専用のワイドフェンダーを使って全幅を1735㎜まで拡大していること。その足元には軽く、空力にも貢献する樹脂加飾付きの17インチアルミホイールが採用されている。

一見大きく違わないが、なんとなくスタンスが異なり、そして良く見ればディテールも洗練度を高めている。そんな玄人向けの仕立てなのだ。

ひと目でハッとするのは、むしろ内装かもしれない。眼前のメーターはノートの7インチから12・3インチフルTFTのアドバンスドドライブアシストディスプレイに格上げされた。また、ダッシュボードやドアトリムにはツイード調織物表皮が採用され、オープンポア木目調加飾と組み合わされる。

ハイテク感をぬくもり感と融合させて、落ち着い

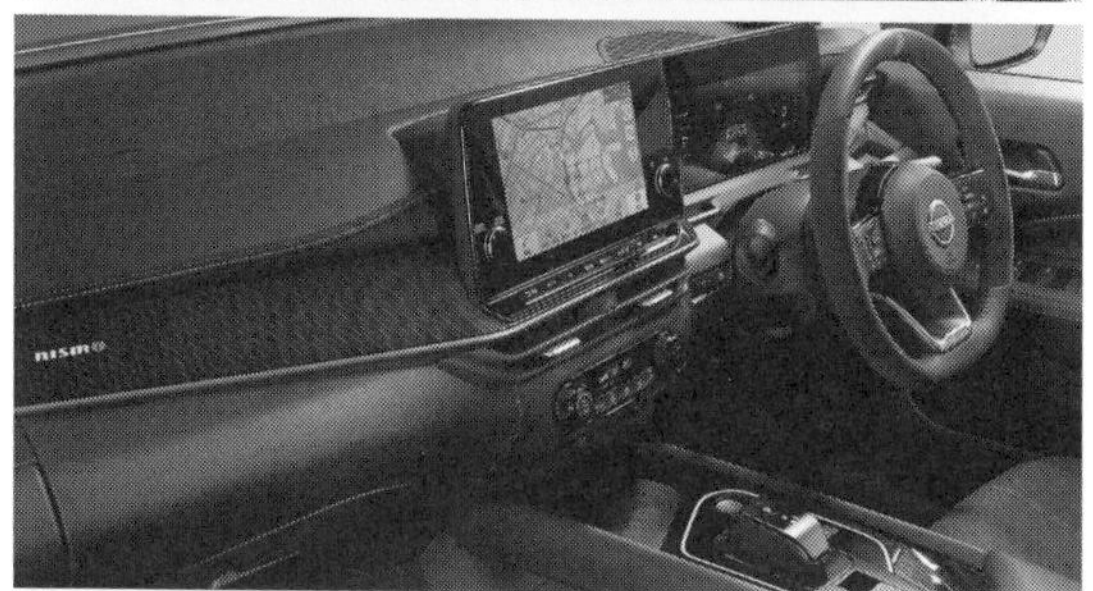

▶ノート・オーラ

●4045(4125)mm×1735mm×1525(1505)mm/2580mm/1260〜1370kg●1198cc, 直3DOHC, 82PS/6000rpm, 10.5kgm/4800rpm, フロントモーター:交流同期電動機, 100kW(136PS)/3183-8500rpm, 30.6kgm/0-3183rpm(リアモーター:交流同期電動機, 50kW(68PS)/4775-10024rpm, 10.2kgm/0-4775rpm) ●固定ギア比●FF/4WD●261万〜296.8万円

た空間にというわけだが、更にレザーセレクションには座面にソフトウレタン20㎜、ワディング10㎜を重ねた本革3層構造シートの柔らかいタッチまでプラスされて、非常にいい雰囲気なのだ。単に高級なだけでなくセンスが良い。これが大事である。

元々ノートでも質の高い走りには、それほど手は入れられていない。一番大きいのは、e-POWERユニットが最高出力116ps、最大トルク28・6kgmから同136ps、30・6kgmへと出力を高めていること。また、前述の通りタイヤは17インチとされ、更にフロントドア側ラミネートガラスの採用など、遮音・制振に一層配慮されている。

想像通り、走りには余裕が増していて、キビキビという言葉を通り越してガンガン行けてしまうくらい活気がある。一方、おかげでエンジンの始動頻度も増えている感はあって、より大きなバッテリーが欲しくなってしまった。17インチタイヤの装着で乗り心地はやや固めながら、フットワークは爽快だ。

ノートと同じく後輪モーター駆動の4WDも用意されている。最高出力68PS、最大トルク10・2kgmという後輪駆動用電気モーターのスペックは変わらないが、コーナーごとに前後輪のトルクをうまくやり取りして、というか想像以上にリアに駆動力を回して走る様は、低μ路での安心感を引き上げるだろうし、何よりクルマ好きにとっては堪(たま)らないものがある。実際、路面の荒れたワインディングロードで走らせた時の楽しさは、まさに電動化の時代ならではの新しさで気に入った。手元に置いておいて、東西南北色々なところに出掛けてみたくなる。

問題はこちらも価格である。ノートの最上級版である〝X〟と、ノート・オーラ〝G〟の価格差は40万円を超えるが、ノートではオプションの装備がいくつか標準装備になっていることを考えると、実は価格差はせいぜいその半分くらいというイメージである。これは逆にちょっと安過ぎるのではないか。

いや、やはりノートの価格をもう少し下げるべきだろう。きっと、それはお互いのポジションを明確にして、プラスに作用するはずだ。

アクア
ハイブリッドの美点詰まった説得力ある1台 ……トヨタ

プリウスより安価で燃費の良いハイブリッド専用車としてデビューした初代アクアは、細かな改良を加えられながら実に10年にわたって販売される定番モデルとなった。新型は見た目のテイストこそ似ているものの、実はコンセプトは一新されている。

新しい技術は盛り沢山である。まずは乗用車世界初のバイポーラ型ニッケル水素バッテリーの採用。これは従来型ニッケル水素バッテリーに対して出力が110%増、入力は95%増となり、つまりは応答性も回生能力も高まり、また電気だけで走行できる速度域の拡大も実現している。

トヨタ初の快感ペダルは「POWER+」モードでアクセルオフ時の回生による減速度を約2倍にして、要はワンペダルに近い運転感覚を実現するもので、e-POWER対策というわけだ。

サイズは全長、全幅ともに先代と変わらないが、全高は30㎜嵩上げされ、ホイールベースは50㎜伸ばされた。見た目にも、先代ほどキャビンをすぼめたデザインになっておらず、実際に後席は随分余裕が増しているし、荷室だって十分なサイズがある。更にこのインテリア、合成皮革を結構な範囲に使い、パワーシートも設定。最上級のZには10・5インチという特大サイズのディスプレイオーディオを奢るなど、上質感、機能性にも配慮されている。

では燃費はと言えば、従来より20%向上ということで、Bグレードでは35・8㎞/Lを達成しているのだが実はこれはヤリス・ハイブリッドと同値である。そう、新型アクアは先代のようにひたすら燃費だけを追求するのではなく、こうしてハイブリッドの長所、美点を最大限に活かした、ちょっと上級のコンパクトカーに生まれ変わったわけだ。今のトヨタにはヤリス・ハイブリッドもあるから、経済性重視の人はそちらをどうぞという話である。

同じGA−Bプラットフォームを用いているこの2台だが、見た目だけでなく走りの印象も結構違っ

ている。発進させると、まずはエンジンをかけずに電気モーターだけでクルマが前に出る。そしてヤリスなら程なくしてエンジンが始動するのだが、アクアはその領域からもまだ電気モーターだけで速度を高めていき、40㎞/hまで所謂EV走行が可能だ。ここまで速度が出ていれば、ロードノイズなどもあってエンジン音はさほど気にならない。電動車らしさがかなり増している。

アクセル操作に対する反応も自然で、運転はしやすい。THSⅡも近年、随分進化してきているが、アクアは間違いなく一番の出来だろう。

快感ペダルは、なるほどアクセルオフでの減速度が高まって、特にコーナーの連続するところなどではリズムが掴みやすくなるが、減速度は0・1Gとそこまで大きいわけではないので、ブレーキペダルに足が行かないということはない。あくまで、標準よりは幾分…というぐらいの話だ。

ワンペダルドライブ、あまりやり過ぎると運転する分には楽しくても同乗者は不快になるということも起こり得る。実際、日産も新型ノートではここを和らげてきているだけに、これは正解だろう。個人的には、POWER+モードではアクセルを踏み込んだ時の反応がやや急になるのがイヤなので、あまり使うことはないと思う。

乗り心地にも驚いた。キビキビ楽しく、しかも高い安定性を誇るヤリスとは味わいがまるで違って、アクアはサスペンションがゆったりと動いて、乗り心地がとても優しい。ボディ剛性、ステアリング支持剛性などを向上させたことから、走りの芯はしっかりしているのだが、フランス車の匂いがするというか、いい意味でかつてのトヨタ車のようというか、そんな印象である。

特にZはフロントに、カローラなども使うスウィングバルブショックアブソーバーを採用しているから、その傾向が更に顕著。無論、土台がしっかりしているからこその話だが、こういう気負いなく乗れる感じも悪くないよなと思ってしまった。

先代には無かった後輪電気モーター駆動4WDの

▶アクア

●4050mm×1695mm×1485(1505)mm/2600mm/1080〜1230kg●1490cc, 直3DOHC, 91PS/5500rpm, 12.2kgm/3800-4800rpm, フロントモーター:交流同期電動機, 59kW(80PS), 14.4kgm(リアモーター:交流誘導電動機, 4.7kW(6.4PS), 3.9kW(5.3PS), 5.3kgm)●CVT●FF●198万〜259.8万円

E-Fourが用意されたのもニュースだ。こちらはリアサスペンションがダブルウィッシュボーン式になるため、やはりビシッと走る感じはやはり上回る。いやはや、意外とマニアックに追究したくなってしまうクルマなのである。

先進装備の充実ぶりも魅力だ。レーダークルーズコントロールは全車速追従型に進化。これはヤリスにも追って採用されている。但し、パーキングブレーキは電動ではなく、足踏み式。よって停止保持は自分で行なわなければならないが、それでも随分とツカエるものになったのは確かだ。

アドバンスドパークと呼ばれる自動駐車機能は、ステアリング、アクセル、ブレーキに加えて変速操作まで自動になった。ドライバーは周囲に目配りして、ブレーキペダルをいつでも踏めるようにして待っていればいい。そしてパーキングサポートブレーキは、車両前後の静止物、後方の車両に加えて、側方の静止物も検知対象になり、必要な場面では警告、そして自動ブレーキを作動させる。駐車場での事故回避に大いに役立ってくれるはずである。

更に、外部給電機能にも触れておくべきだろう。AC100V・1500Wのアクセサリーコンセント、USB端子の他に、一般家庭の約5日分の電力を供給可能という非常時給電モードも用意される。ハイブリッドには快適な走りや燃費低減、CO_2排出量低減だけでなく、こんなメリットもあるのだ。災害大国日本では、尚のこと重宝されるに違いない。

それこそヤリス・ハイブリッドもあるのに、アクアにまさかここまで力を入れてくるとは正直、驚いた。しかも、全身でハイブリッドの良さを感じさせてくれるこの完成度である。

もちろんBEVだって同じことができるだろうが、この価格、この完成度でそれを実装できるBEVは一体いつ具現化できるだろうか。そう考えるとハイブリッドにはまだまだ大きな可能性があると改めて思わされるし、このアクアというクルマの説得力は、非常に高いと唸らされた。派手な存在ではないが、だからこそトヨタの手腕に打ち震えてしまうのだ。

マツダ2

エンジン改良でより活発に。次期型どうなる？

マツダ

商品改良が加えられたマツダ2は1・5Lガソリンエンジンが目玉だ。ダイアゴナル・ボルテックス・コンバスチョン、要するに混合気を縦でも横でもない斜め渦とする燃焼により効率を高め、レギュラーガソリン仕様ながら圧縮比を14・0まで高め、燃費を6・8％向上させたというのである。

実際に走らせてみると、高圧縮エンジンらしいアクセル操作に対するツキの良さが増している。良い意味でコンパクトに感じられるフットワークと相まって、改めて快活なクルマだなと認識した次第だ。

それにしても、マツダ2がデミオとして登場してからもう7年になる。次期型の声は聞こえてこないが、どうするのだろうか。ヨーロッパではヤリス・ハイブリッドをOEM調達するマツダである。リソースの振り分けを考えたら、日本もそうなったっておかしくはないという気もするが、さて？

▶マツダ2

●4065mm×1695mm×1500（1525）mm／2570mm／1020〜1240kg●①1498cc、直4DOHCディーゼルターボ、105PS／4000rpm、25.5（22.4）kgm／1500-2500（1400-3200）rpm②1496cc、直4DOHC、110（116）PS／6000rpm、14.5（14.4,15.2）kgm／3500（4000）rpm●6MT／6AT●FF／4WD●145.9万〜249.2万円

カテゴリー総評

［コンパクトカー］ユーザーもクルマも、二分化している？

ほぼ同時の登場となったヤリスとフィットの争いになるかと思ったコンパクトカーの覇権争いだが、今回は完全にヤリスの勝ちとなった。正しくはヤリスがリードしているというより、フィットが後退してしまったという感が強い。しかも原因は、走りやスペースユーティリティといった機能の面よりも、内外装のデザインというかコンセプトの部分にありそうだというのが興味深い。

まさに機能というか移動する空間としての価値で売れているのがルーミー／トール／ジャスティといったモデルだ。登場から5年が経つのにますます人気なのは、その走る・曲がる・止まるの仕上がりからすると納得したくない感もあるが、これもまた今の世の中なのかもしれない。

個人的にもっともインパクトがあったのは実はアクアである。バイポーラ型ニッケル水素バッテリーの旨味を活かした新鮮な走りっぷり、質高い乗り心地、小洒落た内外装など、ヤリス・ハイブリッドとうまく棲み分けてプレミアムの方に振ってきたキャラ設定は見事で、ヒトに勧めるならコレが本命となりそうだ。

気づけばトヨタばかりになってしまう中、健闘したのがノートである。価格が、特にオプション込みだとコンパクトの範疇を超えそうだったりもするが、クルマとしての訴求力はやはり大きい。特にe-POWERと4WDのマニアックな走りの楽しさにはすっかり魅了されてしまった。

また、そこから派生したノート・オーラの内外装、マテリアルのセンスの良さも好印象だった。色使い含めて、日産のデザインには今、改めて注目しているところである。

こういうクルマが発売され、そして一定数の支持を得るのだから、市場は成熟してきた面もあるのかもしれない…と言うべきか、あるいは二分化が進んでいると解釈するべきなのか。一応、おおよそのサイズでコンパクトセグメントと分類しているのだが、ユーザー層はもはやひとくくりでは語れそうにないのが、このマーケットのようである。

ロッキー……ダイハツ／ライズ……トヨタ
HV版と廉価版投入でますます売れそう

コンパクトSUVが市場の中心になりそうというタイミングで、更にもうひと回り小さなモデルを投入してきたダイハツ・トヨタ連合の嗅覚は大したものだ。Bセグメントコンパクトカーの価格で十分狙えるこのセグメント、ライバルはほぼ不在と言ってよく、2台ともに順調に売れ続けている。

全長3995㎜×全幅1695㎜×全高1620㎜というサイズは、全高以外はヤリスとほぼ一緒だが、押し出しの強さは数字以上。少しだけ大きいのがヤリスクロスだが、こちらがヨーロッパ志向のクロスオーバーなのに対して、もう少し角張ったオフローダー寄りのデザインで、日本のユーザーの方をしっかり向いたロッキー&ライズと、しっかり差別化されているところも抜かりない。

そんなロッキー&ライズに新しい、注目のパワートレインが追加された。その名もe‐スマート・ハイブリッドは、1・2Lエンジンを発電に専念させ、駆動は電気モーターで行なうシリーズハイブリッドである。

お馴染みトヨタのTHSⅡを使わなかったのは、低速域でのドライバビリティの良さと新鮮な運転感覚、そしてシンプルな構造というあたりが大きいのだろう。実際、アクセル操作だけで加減速をコントロールできるスマートペダルも採用されているが、スイッチでオン／オフ可能なあたりは、さすが幅広いユーザー層を想定しているなという感じだ。

しかも新開発のエンジンは最大熱効率40％と、こちらも高効率。おかげで燃費はWLTCモードで28・0㎞／Lと非常に優秀である。100V／1500Wのアクセサリーコンセントも採用されているなど、装備も充実。それでいて価格は211・6万円からというから、これは大いにアピールするに違いない。

更に、このエンジンを単体で使うモデルも新たに設定された。こちらはコスト重視のユーザー向け。

しかし単に価格が安いだけではなく、高速燃焼により効率性を高めたことで燃費も20・7km／Lという上々の数値を実現している。

これまで通りの直列3気筒1・0Lターボエンジンも用意される。実直にトルクをもたらす特性は扱いやすく、ベルト駆動とギア駆動を併用するダイハツ謹製のD－CVTとの組み合わせで不満の無い走りを披露するユニットだ。

DNGA（ダイハツ・ニュー・グローバル・アーキテクチャー）を使った車体は、欲しい性能は出ているが味わいは濃くはない。軽自動車のタントならまだいいかもしれないが、登録車にはやはりもう少しいいモノ感があっていいいかなとは思う。あるいは乗り味にこだわるなら、4WDを選んだ方がいいかもしれない。こちらの方が、乗り味やその質が落ち着いた感じになるのである。

スマートアシストと名付けられた衝突回避支援ブレーキ、全車速追従機能付きのACCなどの運転支援装備もしっかり用意されている。今回のマイナーチェンジで、このクラスにして何と電動パーキングブレーキまで追加されている。また、夜間歩行者検知、ふらつき検知、路側逸脱警報などの機能が追加され、全部で19もの機能を持つことになった。

e－スマート・ハイブリッドはバッテリー容量が小さいので走りに電動車的な感覚は薄いが、エンジンが唸らないこと、そして車重増の効果で、走りに落ち着き、上質感が出た。意外や好印象だったのが1・2Lエンジン車で、実用域のトルクアップが走りの余裕を高めている。

価格は前記の通りハイブリッドでも200万円を少し超えたところ。一方、エントリーグレードを見れば、ロッキーの新開発1・2Lエンジンを積むLで166・7万円と更に安くなっている。カローラクロスの衝撃プライスを見た後では、結構迷うかもしれないと思うのも確かなのだが、今どきの軽自動車を買うつもりで、こちらに目移りする人も多いに違いない。こういうSUVは軽自動車にはないことだし、ますます売れることになるはずだ。

▶ロッキー

●3995mm×1695mm×1620mm／2525mm／970〜1070kg●①1196cc, 直3DOHC, 82PS／5600rpm, 10.7kgm／3200-5200rpm, モーター:交流同期電動機, 78kW(106PS)／4372-6329rpm, 17.3kgm／0-4372rpm②1196cc, 直3DOHC, 87PS／6000rpm, 11.5kgm／4500rpm③996cc, 直3DOHCターボ, 98PS／6000rpm, 14.3kgm／2400-4000rpm●CVT●FF／4WD●166.7万〜234.7万円

ヤリスクロス……………………………トヨタ

ヤリスともライズとも異なる魅力。人気に納得

遂にカローラクロスまで登場したトヨタのSUVラインナップは今や本当に隙が無い。アレがダメならコレ、コレがダメならソレと、価格やサイズ、装備にパワートレインと、これでもかと選択肢が揃うから、ライバルにしてみたら大変だろう。

しかもニクいのが、サイズや価格が重なりそうなところでは、微妙にキャラクターやパッケージングを違えてきているところである。たとえば、このヤリスクロス。すでにエントリーSUVとしてライズを持っているというのに、ほとんど似たようなサイズに更にコレを投入するのかと思ったら、実際には両車、購入に際してはきっと悩むことは無さそうなぐらい、別の方向を向いたクルマになっている。

実際のところ、ヤリスクロスはヤリスを名乗り、同じGA－Bプラットフォームを使ってはいるもののサイズはそれより全方位に大きく、全長は4180㎜あるし、全幅も所謂3ナンバーサイズの1765㎜とされている。ライズが全長3995㎜、全幅1695㎜と、まさにヤリスのサイズに留められているから、ちゃんと棲み分けは出来ているわけだ。

一方、全高はライズの1620㎜に対して1590㎜とやや低い。そして見た目も、ミニRAV4的にゴツさ、力強さといったSUV要素を打ち出しているライズに対して、ヤリスクロスは都会的なクロスオーバーという雰囲気。まず見た目で、ちゃんと差別化が出来ている。これでどっちか迷うという人は、自分が何を求めているのか、頭を整理してからじゃないと、本当に欲しいクルマにたどり着けないかもしれない。

室内空間を見ても、前席中心と割り切ったパッケージングのヤリスと較べて、ヤリスクロスは後席にも荷室にも十分な余裕があるわけだが、実は室内長を見るとライズの方が大きいくらいで、特に後席スペースは互角。アップライトな姿勢も相まって、SUVらしい楽しい感覚はこちらの方が強いかもしれ

SUV

▶ヤリスクロス

●4180mm×1765mm×1590mm／2560mm／1110～1270kg●①1490cc, 直3DOHC, 91PS／5500rpm, 12.2kgm／3800-4800rpm, フロントモーター:交流同期電動機, 59kW(80PS), 14.4kgm(リアモーター:交流誘導電動機, 3.9kW(5.3PS), 5.3kgm)②1490cc, 直3DOHC, 120PS／6600rpm, 14.8kgm／4800-5200rpm●CVT●FF／4WD●179.8万～281.5万円

ない。ヤリスクロスの後席は、進んで乗りたいというほどワクワクする空間ではないという印象だ。

そして荷室はさすがにヤリスクロスの方が大きいが、それでも差はわずか。フロア下のボックスの収納量などからすれば、むしろライズの方が使い勝手は上かもしれない。つまり外寸だけで考えるのと、使い勝手は逆かもしれないよという話である。

そんな風に実直さではライズに譲るヤリスクロスだが、所有する歓び、走りの質ならば断然こちらだ。たとえばインテリアのクオリティは高く、ダッシュボードはソフトパッドで覆われているし、シート表皮なども明らかに上質。攻めたブラウンの内装色も、多少ボディカラーは選ぶ感もあるが、雰囲気は良い。

フットワークは軽快で、このあたりはさすがヤリスの血筋という印象。しかもタイヤのエアボリュームがあるせいか、当たりはマイルドだしロードノイズも静かで、とても快適だ。悪くはないが味は薄いライズとは、まさにクラスが違う。

1・5Lガソリンエンジンでも動力性能は十分。4WDには路面状況に応じて3つのモードが選べるマルチテレインセレクトが装備され、SUVじゃなくクロスオーバーでしょなどと言ったのを反省させられるほどの高い走破力を見せるから、これも面白いだろう。もちろん余裕があるのはハイブリッドで、燃費だって30・8㎞/Lと大台に乗るのだから大したもの。こちらの4WDはE-Fourになるが、滑りやすい路面からの脱出をアシストするTRAILモードが備わるなど、やはり単なる街乗り向けじゃないとアピールされている。

電動パーキングブレーキを装備するのもヤリスとの違いで、レーダークルーズコントロールは完全停止だけでなく再発進にも対応する。運転支援装備の品揃えにも不満はない。

結局のところヤリスとはもちろん違うし、装備内容や価格差などを勘案すれば尚のこと、ライズとも迷うことのないクルマに仕上がっているのが、ヤリスクロスである。おかげで人気は衰えず、納期がかなり伸びているようなのが、また悩みどころだ。

CX－3 ……………… マツダ

廉価版投入で人気上向き。最初からこうなら…

登場当初はカッコ優先のスペシャルティ路線、ディーゼルのみの設定、そして最廉価グレードでも240万円近くからと強気だったCX－3だが、結果としては世の中のニーズを少々読み違えていたようだ。今やマツダは実用性をもちゃんと鑑みたCX－30にこのセグメントの主力をシフトしている。

ではCX－3はと言えば、実は2020年春に189・2万円という価格の1・5Lガソリンエンジンモデルを登場させ、販売の起爆剤にした。運転支援システムの内容など不満はあるものの、この見栄えの良さを考えれば価格は非常にリーズナブルで、実際販売は多少上向きになったという。2021年10月にも更に改良を受け、オシャレ度を増したSuper Edgyなる新グレードも投入されている。最初からこのくらいユーザー目線で来てくれていたら、このクルマの運命もまた違ったのだろうか。

SUV

▶CX－3

●4275mm×1765mm×1550mm／2570mm／1210～1370kg●①1496cc, 直4DOHC, 111PS／6000rpm, 14.7kgm／4000rpm②1756cc, 直4DOHCディーゼルターボ, 116PS／4000rpm, 27.5kgm／1600-2600rpm●6MT／6AT●FF／4WD●189.2万～321.2万円

キックス
オーテック版の上質感◎。4WDはまだ?
日産

そうか、ジュークだけじゃなくデュアリスだってあったんだよなと、ある時ふと思い出した。せっかくこうした魅力的なモデルでコンパクトＳＵＶ市場を切り拓いたにもかかわらず、あとに続くモデルを登場させることなく、マーケットを失ってしまった日産。他のカテゴリーでも同じことが起きていて、一体どうするつもりなのかと思っていたところで、ようやく登場したのがこのキックスである。

２０１４年には販売を終了していたデュアリスを思い出したのは、そのサイズ感が似ているからで、両車のスリーサイズはほぼ重なる。つまり日産はコンパクトＳＵＶの最適解をこの時すでに分かっていたと言ってもいいのかもしれないと思うと、空白の5年がつくづく惜しい。

パッケージングはこのサイズをフルに活かしたもので、前席に十分なスペースが確保されているだけでなく、後席は大人が脚を組んで座れるだけの余裕があるし、荷室も容量４２３Ｌと大きい。もっとも、この荷室についてはフロアが低いのはいいとして、開口部との落差は結構あるし、後席背もたれを倒した時にも段差が出来てしまうから、高さを変えられるフロアボードなどは用意されてもいいだろう。

それでもキックスが今どきのコンパクトＳＵＶに求められるユーティリティ性をしっかり備えていることは間違いない。飛び道具は無いけれど、とても実直な作りである。

パワートレインはe-POWERだけの設定となる。すでにおなじみの１・２Ｌエンジンで発電して電気モーターで駆動するシリーズハイブリッドは、先代ノートと基本的に同じものだが、バッテリー出力向上と発電用エンジンのパワーアップによって、ＳＵＶの心臓としても十分な余裕が持たされているし、低速域でエンジンの始動を抑える制御なども入っていて、電動車らしい走りの味をしっかり味わわせてくれる。

▶キックス

●4290mm×1760mm×1610mm／2620mm／1350kg●1198cc, 直3DOHC, 82PS／6000rpm, 10.5kgm／3600-5200rpm, モーター:交流同期電動機, 95kW(129PS)／4000-8992rpm, 26.5kgm／500-3008rpm●固定ギア比●FF●276万～287万円

フットワークも悪くない。基本設計は新しくはないが、日本市場導入を前提にマイナーチェンジを行なった際に、ボディ剛性の向上、ダンパーの大径化、17インチタイヤの採用など大幅に改良された成果だろう。何しろe-POWERは低速域からトルクが充実しているので、生半可なシャシーではすぐに馬脚を露してしまうのだ。

これもキックス自慢のプロパイロット、高速道路の単一車線での運転支援技術も、制御が頑張らなくてもきちんと真っ直ぐ走るシャシーがあってこそ活きてくる。実際、このクルマで金沢まで遠出する機会があったのだが、高速道路はほとんどプロパイロット入れっぱなしで、余裕のドライブができたのである。

実はこの時には、キックスAUTECHに乗っていった。オーテックジャパンが仕立てたこのモデルは落ち着いたメタル調のフィニッシュとされた外装パーツ、ブルーのステッチが入った本革巻きステアリング、ダッシュボードなどのソフトパッドに、専用のレザレット表皮のシートなどを装備する。

走りに関する部分には手は入れられていないのだが、センス良くまとまったコーディネート、そして表皮の素材の違いからか柔らかさを増したシートの乗り心地などによって、キックスを一段上質なクルマにしていたこのモデル、実はキックスのセールスの中でも異例なほどの高い割合を占めているのだそうだ。私としてもキックスに乗るなら、コレかなという気がしている。

いずれにせよ望みたいのは4WDの設定である。グローバルで見た時にコンパクトSUVに4WDのニーズがほとんど無いことは承知しているが、日本ではやはり設定されるべきだろう。何しろ今や日産にはe-POWER 4WDがあるのだ。これを使わない手はないだろう。

一方、それとは逆に買い求めやすいエントリーモデルもあっていいと思う。e-POWER専用車ということで価格が全体に高く見えてしまうのは、このクルマにとって間違いなく機会損失である。

C－HR　トヨタ

走りの良さ捨て、売りどころ無くした

かねてから言っているように、今やSUVは流行りモノではなく定番商品。そうなればユーザーの求めるものも変わってきて、それこそカローラクロスのような多くの人が満足できる懐深さを持ったモデルの方がもてはやされるようになっている。

その意味でC－HRは、まだSUVがトレンド商品だった時代の最後に登場したモデルだったと言うことができるかもしれない。セダンやコンパクトカーに飽き足らない人が刺激を求めて選ぶクルマ。それが行き着くところまで行くと、こういうクーペフォルムに切れ味の良い走り、デザイン性高い専用のインテリアを持ったクルマになるわけだ。

SUVの中にこんなクルマもあっていいと思う。だからこそマイナーチェンジでザックス製ダンパーが省かれ、走りの味が落ちたのが気に入らない。C－HRみたいなクルマが普通になってどうする？

SUV

C－HR

●4385(4390)mm×1795mm×1550(1565)mm／2640mm／1390〜1480kg●①1797cc，直4DOHC，98PS／5200rpm，14.5kgm／3600rpm，モーター：交流同期電動機，53kW(72PS)，16.6kgm②1196cc，直4DOHCターボ，116PS／5200-5600rpm，18.9kgm／1500-4000rpm●CVT／6MT●FF／4WD●238.2万〜314.5万円

ＵＸ レクサス
存在感は輸入車以上。BEV版がお勧め

２０２１年8月に小改良を受けたレクサスのコンパクトクロスオーバー、ＵＸだがデザインや走りについては手は入れられていない。車室内の空気環境を整えるナノイーがナノイーＸに進化したのと、ハイブリッドのＵＸ２５０ｈへの電熱式のＰＴＣヒーターの追加、ＢＥＶのＵＸ３００ｅのＵＳＢソケットのタイプＣへの変更くらいが違いである。

目をひくのは「Style Blue」と「Elegant Black」の2タイプの特別仕様車。いずれも内外装を専用で仕立てたモデルだが、どちらもスタイリッシュだし、何よりレギュラーモデルとは明らかに違った個性を発揮しているのが良い。人とはちょっと違った何かを求めるのがプレミアムカーのユーザーである。こうやって定期的に新しい意匠を用意するのは大いに歓迎されるはずだ。

全幅は１８４０㎜とワイドだが全高を抑えることで立体駐車場にも対応するサイズとした、まさにアーバンクロスオーバーのＵＸ。ラインナップはガソリンのＵＸ２００、ハイブリッドのＵＸ２５０ｈ、そしてＢＥＶのＵＸ３００ｅの3モデルで変わらない。当初は予約限定販売だったＵＸ３００ｅも、現在は普通にオーダーを受け付けている。

もし不便の無い環境にあれば、このＵＸ３００ｅが自分としてはオススメ。ドライバーの意に沿った滑らかで力強い走りはセグメントを超えた上質さを感じさせるし、低重心を活かしたフットワーク、乗り心地の良さも同様。徹底的な対策による高い静粛性も素晴らしい。全車とも２０２０年の改良で荷室が若干広げられたＵＸだが、ＢＥＶはマフラーが無いため、実はハイブリッドよりも広い空間を確保できているというのも面白いところだ。

とは言え、いずれを選んでもレクサスらしい仕立ての良さ、落ち着いて上品な走りを味わえるのは間違いない。ライバルは輸入車となるだろうが、その存在感はまったく負けていないと断言できる。

▶UX

●4495mm×1840mm×1540mm/2640mm/1550〜1800kg●①1986cc, 直4DOHC, 146PS/6000rpm, 19.2kgm/4400rpm, フロントモーター:交流同期電動機, 80kW(109PS), 20.6kgm(リアモーター:交流誘導電動機, 5kW(7PS), 5.6kgm)②1986cc, 直4DOHC, 174PS/6600rpm, 21.3kgm/4000-5200rpm③モーター:交流同期電動機, 150kW(203PS), 30.5kgm, 電池容量:54.4kWh, 航続距離:367km●CVT/固定ギア比●FF/4WD●397.3万〜635万円

CX-30 マツダ
Xがぐっとお手頃に。走りもカッコも◎

次から次へとライバルになるモデルが登場する中でも、マツダCX-30の美しいスタイリングは色褪せるどころか、ますます存在感を増しているように思う。造形は凝っているけれど奇をてらったところはなく、しかもサイズにしてもプロポーションにしても意図が明確で、つまりそうある必然性のようなものを感じさせるのがいいのだろう。

内装デザインも、これまた非常に艶めかしい。シンプルに機能がまとめられていて、扱いやすさも上々。今やどのクルマも大体同じような装備を備えているはずなのに、どうしてこうも美しさに差がつくのだろうか、なんて思ってしまう。

ハッチバックのマツダ3がスペシャルティカー的な要素を強調するべく後席スペースを潔く割り切ったのに対して、CX-30はファミリーユースまで念頭において後席、そして荷室に十分な余裕をもたせている。後席は大人2名が快適に過ごせて、荷室にはベビーカーも収納できるという具合だが、さすがにホンダ・ヴェゼルあたりと較べると分が悪いのも事実だ。まあ、これは優劣というよりは何を重視してクルマを選ぶかが問われるという話である。

CX-30の場合、それはまずカッコ良さ、そしてスポーティな走りっぷりとなる。正確なレスポンスを示すステアリングを切り込むと、まさに思った通り素直にクルマが旋回姿勢に入っていく。その得も言われぬ一体感はマツダ3にも相通ずるもので、背の高いクロスオーバーモデルであることを忘れさせる。これもまた十分、選ぶ理由となる。

エンジンは、やはりe-スカイアクティブXに惹かれる。ネックだった価格も、新グレードのSmart Editionの登場でずいぶん身近になった。こちら、実は今回ドライバビリティにも手が入れられ、また新色プラチナクォーツメタリックも設定されていたりする。マツダ得意の商品改良で、CX-30の魅力がますます高まったことは間違いない。

SUV

▶CX−30

●4395mm×1795mm×1540mm／2655mm／1380〜1550kg●①1997cc, 直4DOHCスーパーチャージャー, 190PS／6000rpm, 24.5kgm／4500rpm, モーター:交流同期電動機, 4.8kW(6.5PS)／1000rpm, 6.2kgm／100rpm②1997cc, 直4DOHC, 156PS／6000rpm, 20.3kgm／4000rpm③1756cc, 直4DOHCディーゼルターボ, 130PS／4000rpm, 27.5kgm／1600-2600rpm●6MT／6AT●FF／4WD●239.3万〜303.1万円

MX-30 内装は雰囲気◎。BEV版の走りも素晴らしい

マツダ

他のマツダ車とはまったく違ったイメージのデザインがMX-30の一番の特徴である。五角形グリルは使わず直線基調のクーペフォルムは、案外クリーンな印象で悪くない。クーペにはしたいけれど2ドアにはできないというところから採用されたフリースタイルドアと呼ばれる観音開きのドアは慣れが必要なところもあるが、SUVというよりクーペなのだと考えれば、これも十分納得できる。

そのドアの向こうには、雰囲気の良い内装が広がる。木の表皮の端材から作られるヘリテージコルクや、リサイクルPETから作られた呼吸感素材、敢えて合皮張りとされたシートなどサステイナブルを意識した素材でまとめられたインテリアは、これまた他のマツダ車とは違った表現で、上質且(か)つ落ち着いた雰囲気を演出している。

私としては、これまた質高いファブリックシートにも惹かれる。こちらはエントリーグレードへの設定ということで、購入時にはグレード選びは相当悩ましいことになるだろうなと思う。

パワートレインは2種類。最初に登場した2・0Lガソリンエンジンと組み合わせるマイルドハイブリッド仕様は、電気モーターが出しゃばることなくエンジンの不得意なトルクの谷間などでしっかり仕事をして、非常に滑らかな走りを味わわせてくれる。

そして2021年1月に登場したのがBEV仕様だ。車重増に合わせて強化した車体、優れた重量配分、電気モーターの高い制御性を活かしたエレクトリックG-ベクタリングコントロール・プラスなどにより、まさに意のままになる操縦感覚を得ている。

実は内燃エンジン搭載車のG-ベクタリングコントロールも、初期開発はBEVで行なわれたのだという。トルクが豊かで、しかもきめ細かく制御できる電気モーターは、車両姿勢制御への活用がしやすく、またその幅も大きいからだが、このMX-30 EVモデルでは当然その知見をフルに活かすことがで

▶MX-30

●4395mm×1795mm×1550(1565)mm/2655mm/1460〜1650kg●①モーター:交流同期電動機, 107kW (145PS)/4500-11000rpm, 27.5kgm/0-3243rpm, 電池容量: 35.5kWh, 航続距離:256km②1997cc, 直4DOHC, 156PS/6000rpm, 20.3kgm/4000rpm, モーター:交流同期電動機, 5.1kW(6.9PS)/1800rpm, 5.0kgm/100rpm●固定ギア比/6AT●FF/4WD●242万〜495万円

きている。コーナーからの立ち上がり加速時に後方への荷重移動を促したり、アクセルオンの時だけでなくオフの際の制御などをプラスすることで、より緻密に挙動をコントロールしているのだが、その走りはちょっとしたもので、私は最初に乗った時には、「これは124型メルセデス・ベンツの再来だな」と思ってしまった。ゆったりとしていて、安定していて、しかし思った通りの軌跡で曲がっていくことができる、そのフットワークは素晴らしい。

モータートルクに同期してサウンドを発生するシステムも搭載しているのだが、これもギミックではなく、音もまた運転に必要な情報だという安全思想に基づいての装備となる。実際、その効果も好印象に繋がっているのだろう。

一方で、電動化車両に多いシングルペダルコントロールを敢えて採用しなかったのは、マツダならではの走りへのこだわりである。内燃エンジン車であれ電気モーター駆動であれ、理想とする走りはひとつというわけだ。その代わり減速Gはパドルによって5段階に調整できる。

リチウムイオンバッテリーの容量は35・5kWhと小さく、航続距離は最大256㎞に過ぎないが、これはLCAまで考えてのCO_2排出量低減を狙ってのこと。このあたり、カーボンニュートラルを単なるお題目とせず、真摯に考えていることが伝わる。サステイナブルであることは内装の仕立てだけでなく、このクルマそのもののメッセージなのだ。

BEV版の主戦場はヨーロッパで、日本は何と年間500台という超控えめな目標しか掲げていないが、それでも残価設定クレジットを内燃エンジン車同等の残価率設定としたり、1日試乗の機会を設けたりと、普及のための工夫も行なっている。航続距離を考えれば都市部中心の使い方もしくはセカンドカーとしてなら、選択肢に入ってくるだろう。

私も乗りたいくらいだが、あいにく自宅周辺の充電環境はイマイチ。その走りへの興味もあって、かねてから登場が予告されている発電用ロータリーエンジン搭載車の登場を心待ちにしているのだ。

カローラクロス……トヨタ

ライバルが太刀打ちしがたい出来と価格

カローラの歴史上、初のSUVが誕生した。その名もカローラクロスである。もちろん、弟分としてヤリスクロスが居ることを考えれば、この名前になるのも納得はできるのだが、実際に眺めてみるとこのクルマ、クロスオーバーというよりは直球のSUVとして仕立てられている。

外観は下手にクーペ風だったりせず、ロングルーフのスクエアなフォルムとされていて、いかにも居住性、積載性重視という印象を醸し出している。幅広いユーザー層から支持されるクルマであってこそカローラ。そんな哲学というか愚直なところが、ストレートにカタチになっているわけだ。

ちなみにフロントマスクは、先にデビューした東南アジア向けのモデルとは別デザインにされている。これは正解。断然、精悍(せいかん)だしカローラのファミリーっぽい雰囲気も増している。

但(ただ)し、グローバルモデルということもあり1825㎜に達しているワイドな全幅は、カローラらしからぬと言われるところかもしれない。しかし実際に走らせてみると、車庫や駐車場に入れる局面では大きさを意識させられることもなくはないが、普段の取り回しはそれほど気を使わないで済む。

効いているのは、まずアイポイントが高く、ウインドウ面積が大きいために全方位の視界が優れていること。特に、リアクウォーターウインドウが効いていて、斜め後方がよく見えるのが有り難い。更に、ステアリングがよく切れて、最小回転半径が5・2mに収まっているのも、取り回しをラクにしている。

一方、そのサイズの余裕を活かして室内空間は、非常にゆったりとしている。特に後席は、肩周りも頭上も狭苦しさとは無縁。しかも背もたれにはリクライニング機構が付いていて、それほど角度がつくわけではないのだが、実際に座ってみるとリラックス感が高まって、とてもいい按配だったりする。なかなかよく考えられているのである。

荷室もフロアが低く積み下ろしがしやすいし、容量487Lと大きく、ゴルフバッグ4セットを軽々飲み込んでくれる。標準では、後席背もたれを前に倒してもフルフラットにはならないので、それを欲する場合はオプションのラゲージアクティブボックスを装着することになる。これ、フルフラット化を実現するだけでなく、耐荷重130kgという強固な設計になっているのがポイント。要するに、車中泊ニーズまで見ているわけだ。

パワートレインは1・8Lガソリンとハイブリッドの2タイプで、後者のみ電気式4WDのE-Fourも選択できる。他のカローラシリーズと同様にプラットフォームはTNGAのGA－Cを使うが、FF仕様のリアサスペンションは、ダブルウィッシュボーン式ではなく新開発のトーションビーム式になっている。4WDではダブルウィッシュボーン式が使われる。

ガソリン、ハイブリッド、4WDなど様々なモデルを試したが、すべてに共通して言えるのは乗り心地が非常にしなやかなことだ。カチッとしているが重々しさはないボディを土台に、本当に柔らかくストロークしてとても快適。しかも決してフワフワしているわけではなく、目線はフラットに保たれるから高速域でも安心感は高い。

それでいてフットワークだって犠牲になっていない。いや、それどころかコーナーの連続が楽しくなるほどの操縦性を実現しているのだから嬉しくなってしまう。転舵速度が速いとグラッと傾く感じもあるが、それは当然のこと。コーナーに合わせてていねいに切り込んで行けば、適度な、そして心地の良いロールを伴いながら、スーッと思い通りのラインで抜けていくことができる。実に気持ちの良いコーナリングを楽しめるのだ。

ハイブリッドシステムには特に目新しいものはないが、動力性能は必要十分だし、電気モーターのおかげで滑らかで力強い走りを楽しめる。乗り較べればE-Four の方がリアの接地感が高いかなという気もしないではないが、私としては乗り心地、静粛性

▶カローラクロス

●4490mm×1825mm×1620mm／2640mm／1330〜1510kg●①1797cc，直4DOHC，98PS／5200rpm，14.5kgm／3600rpm，フロントモーター:交流同期電動機，53kW（72PS），16.6kgm（リアモーター:交流誘導電動機，5.3kW（7.2PS），5.6kgm）②1797cc，直4DOHC，140PS／6200rpm，17.3kgm／3900rpm●CVT●FF／4WD●199.9万〜319.9万円

まで含めてもFFで大いに満足できる。新しいトーションビーム式サスペンション、相当な出来映えだと思う。

1・8Lエンジンは、こちらもお馴染みのバルブマチックユニット。組み合わされるCVTもずいぶん使い続けられているものであり、正直新鮮味は無いかと思ったが、いかにもエンジンという感じの吹け上がり、ツキの良さに、意外や気に入ってしまった。ハイブリッドに較べて鼻先が軽くなるので、フットワークも更に軽快。まあ燃費はそこそこということになるが、コレも悪くない。

運転支援システムも気に入ったところのひとつである。先進安全装備のパッケージであるトヨタセーフティセンスは全車に標準装備。高速道路で全車速追従機能付きのレーダークルーズコントロールとレーントレーシングアシスト（LTA）を試すと、車線逸脱の際に明確な意思をもって車体を引き戻してくれて、安心感があった。じわっと自然な制御もいいが、カローラのようなクルマにはこういう介入の仕方が合っているように思う。

今や乗用車の主流はSUV／クロスオーバーとカテゴライズされるクルマであり、長年にわたって乗用車のド真ん中の存在であり続けてきたカローラにとっても、ラインナップにSUVを揃えることは必然とすら言っていい。実際にトヨタとしても、カローラの販売の半分程度はこのカローラクロスが占めると見ている。

目新しい装備や技術はほとんど無いのだが、その間口の広い使い勝手、穏やかだが意外にスポーティな走りは、十分な満足をもたらす仕上がりと言える。しかも価格は、まさにカローラの範囲に収めようという開発陣の頑張りもあって、非常にリーズナブル。最廉価グレードは200万円を切り、他のモデルも他社のひとクラス下のBセグメントSUVと競合するくらいの戦略価格なのだから驚いてしまった。

この価格で、この内容。クルマはもうコレでいいんじゃない？　と、真剣に思わせるカローラの最新型の登場である。

XV …… スバル
カッコ良く実力も確か。雪道求め遠出したくなる

2020年10月に大幅改良を受けたスバルXVは、サスペンションの改良、2Lエンジンに電気モーターを組み合わせるマイルドハイブリッドのe－BOXERへのアダプティブ変速制御、e－アクティブシフトコントロールの採用などが行なわれた。ドライの一般道ではすでにテストしていたのだが、やはりスバルは雪山に行かないとと思い、前の冬には長野県の雪山にも出掛けて、その走りを確かめてみた。

都心部で実感したサスペンションの進化は、高速道路そして雪道でもリラックスしたドライブに大いに貢献してくれた。そのしなやかな動きは高速巡航での疲れを軽減し、また雪道では確かな接地性による高いトラクション性能として結実。要するに疲れにくく、安心して走らせることができたわけだ。

スポーツモードに入れて、アクセルを積極的に踏み込むような走りをすると、エンジン回転数を高めに保って電気モーターのアシストも即座に加勢させるe－アクティブシフトコントロールは、雪山ではさほど出番は無かったが、e－BOXER自体は水平対向2・0L自然吸気エンジンの低回転域の先の細さをうまく補ってくれ、むしろアクセルを深く踏み込まなくてもクルマがきれいに転がってくれて、とても走らせやすかった。フルタイムAWDの安心感も改めて印象的で、雪道ではクルマが多少なりとも滑るのは当たり前なのだが、そんな時でもまったく不安を感じなくて済む。一度コレに乗ったら、離れられないだろうなというのもよく分かる。特にXVは最低地上高にも余裕があるから、多少轍(わだち)が掘れていようと気兼ねなく飛び込んでいけるのが良い。

レヴォーグに使われているアイサイトXは付かないが、こちらのアイサイトだって緩いコーナーの連続でのトレース性などは目を瞠(みは)るもので、高速巡航時には十分頼れるものに仕上がっている。また次の冬にも遠くまで走っていけたら。そんな風に思ってしまったのだ。

▶XV

●4485mm×1800mm×1550mm／2670mm／1410～1550kg●①1995cc, 水平対向4DOHC, 145PS／6000rpm, 19.2kgm／4000rpm, モーター:交流同期電動機, 10kW(13.6PS)／6.6kgm②1599cc, 水平対向4DOHC, 115PS／6200rpm, 15.1kgm／3600rpm●CVT●4WD●220万～292.6万円

エクリプスクロス……三菱

大胆に変身。粗あるが独自の個性

マイナーチェンジで全長を140㎜も伸ばしてきたのは、想定より年齢層高めだったユーザーからの落ち着いたデザインを求める声に応えること、サイズの小ささ故に割高に見られたことへの対応だという。PHEV＝プラグインハイブリッドの設定含めて、市場に於けるポジショニングを修正したと言ってもいいかもしれない。

電気モーターだけで最長57・3㎞を走るPHEVはスムーズで、力強い走りを実現している。床下に敷き詰めたバッテリーによる低重心化が効いていて、フットワークもスポーティで良い。

但し、そもそも想定していなかったPHEV化だけにエンジン始動時の静粛性、舗装の荒れたところの乗り心地などには粗が出ている。ACCに車線内中央維持機能がないのも物足りない。まあそれでも独自の個性、使いでのある1台であることは確かだ。

▶エクリプスクロス

●4545mm×1805mm×1685mm／2670mm／1450〜1920kg●①1498cc, 直4DOHCターボ, 150PS／5500rpm, 24.5kgm／2000-3500rpm②2359cc, 直4DOHC, 128PS／4500rpm, 20.3kgm／4500rpm, フロントモーター:60kW(82PS), 14.0kgm, リアモーター:70kW(95PS), 19.9kgm, 電池容量: 13.8kWh, EVモード航続距離:57.3km●CVT／固定ギア比●FF／4WD●253.1万〜451万円

SUV

CX-5 ……… マツダ

また欲しくなる特別仕様車が！ 先進装備も充実

そうそう、こういうのを待っていたんだよ！ と、思わず声に出してしまった。商品改良を受けたマツダCX-5に設定された特別仕様車「フィールドジャーニー」である。

新しいCX-5は、全車共通してヘッドランプ、ラジエーターグリル、テールランプなどのデザイン変更で新鮮味を取り戻した感がある。その上でこのフィールドジャーニーは、前後バンパーセンター、サイドにガーニッシュを装着し、敢えて17インチに留めたアルミホイールにオールシーズンタイヤを履くなど、まさにアウトドアテイストに仕立てている。

正直、マツダのSUVはスタイリッシュ方向に振り過ぎて、アクティヴに遊びに行くイメージが薄まっている感がしていたので、まさにこういうのを待っていたのだ。しかも、ならではの洗練された雰囲気はそのままだから、つまり今どきのおしゃれなアウトドア用ギアを見ているかのよう。クルマとグッズ、そして服装までトーンを揃えたコーディネートでグランピングに…なんて、想像をかきたてるのだ。

特別仕様車は他にも上質感を高めたエクスクルーシブモード、そしてこれも新設定のスポーツアピアランスと、それぞれ個性の異なる3つの柱が並んだ。正直、どれも目移りするほど、いい感じだ。

中身も進化している。減衰構造をもたせた車体、シートフレームの取り付け剛性向上、サスペンションの設定見直しに、骨盤角度を最適化した新シートを採用。ロードノイズの低減で快適性も高めている。

ようやくCTS（クルージング&トラフィック・サポート）が搭載され、ACC使用時の車線内中央維持が行われるようにもなった。従来あった運転支援装備の時代遅れ感、これでようやく解消されそうだ。

試乗が間に合わなかったのが残念だが、見た目や仕様は、CX-5の世界を拡大する見事なアップデートと言えそう。2021年は大物はないと聞いていたマツダだが、いやいや楽しみな1台である。

SUV

▶CX－5

●4575mm×1845mm×1690mm／2700mm／1540～1730kg●①1997cc, 直4DOHC, 156PS／6000rpm, 20.3kgm／4000rpm②2488cc, 直4DOHC, 188(190)PS／6000rpm, 25.5(25.7)kgm／4000rpm③2488cc, 直4DOHCターボ, 230PS／4250rpm, 42.8kgm／2000rpm④2188cc, 直4DOHCディーゼルターボ, 200PS／4000rpm, 45.9kgm／2000rpm●6MT／6AT●FF／4WD●267.9万～407.6万円

ＲＡＶ４ ………………… トヨタ
大人気車だけに人と違う仕様が欲しくなる

　ＲＡＶ４の人気は、まさに衰えることを知らないようだ。それはＳＵＶが乗用車の主流となっている現状もあり、洗練されたデザインのモデルが増えてきた反動でもあるのかもしれない。

　メルセデス・ベンツＧクラス、ジープ・ラングラー、あるいはスズキ・ジムニーなど、いわゆるラギッドでタフなイメージのモデルに改めて注目が集まっているわけだ。

　それにしても、これだけ街で遭遇する機会が増えると、人とはちょっと違ったものが欲しくなる。そんな背景があってか、２０２０年秋に追加された特別仕様車の「Adventure〝OFF ROAD package〟」、何と月販数百台レベルで売れ続けているのだという。

　専用サスペンションで車高を上げて、足元にはサイドウォールの意匠にこだわって選ばれたＦＡＬＫＥＮのオールテレインタイヤをマットブラック塗装ホイールに履かせて装着。ブリッジ型のルーフレールなどを備えてワイルドに演出した仕様だ。これがベース車よりたった15万円高いだけなのだから、それは売れるというものだろう。

　私がラインナップに加えて欲しいのは、ＲＡＶ４ＰＨＶの〝OFF ROAD package〟である。

　今あるＲＡＶ４ＰＨＶはブラックの部分を艶あり塗装として、ホイールも切削光輝タイプとされるなど、都会向きの装いとなっているが、きっとアウトドア志向でプラグインハイブリッドが欲しいという人も居るはず。何しろ外部給電機能があるから、キャンプの時などにはクルマに蓄えた電気であれこれ賄う（まかなう）ことができるのだ。山へ海へ出掛けてアクティブに遊ぶ人にとっては、理想の組み合わせではないかと思う。

　２０２１年12月には〝Adventure〟グレードのハイブリッド版が登場。ヘッドライトとホイールのデザインに手が入り、新色も出た。人気モデルだけに、人とかぶらないモデルが出るのは有り難い。

▶RAV4

●4600(4610)mm×1855(1865)mm×1685(1690,1695)mm/2690mm/1500～1920kg●①2487cc, 直4DOHC, 177PS/6000rpm, 22.3kgm/3600rpm, フロントモーター:交流同期電動機, 134kW(182PS), 27.5kgm, リアモーター:交流同期電動機, 40kW(54PS), 12.3kgm, 電池容量:18.1kWh, EVモード航続距離:95km②2487cc, 直4DOHC, 178PS/5700rpm, 22.5kgm/3600-5200rpm, フロントモーター:交流同期電動機, 88kW(120PS), 20.6kgm(リアモーター:交流同期電動機, 40kW(54PS), 12.3kgm)③1986cc, 直4DOHC, 171PS/6600rpm, 21.1kgm/4800rpm●CVT●FF/4WD●277.4万～539万円

CR－V ホンダ

このままではもったいない。早くテコ入れを！

冒頭の特集でも書いたし、実は昨年版でも書いている通り、CR－Vは本当にもったいないクルマだと思う。RAV4も登場当初よりは台数を落としているが、CR－Vの場合はもっと深刻で下手するとその1割ほどの台数しか売れていないのである。正直、ここまで来ると市場での存在感は失われ、更に売れなくなるというスパイラルに陥ってしまうことになる。せっかくこの代で復活させたというのに、このままではまた…と不安になってしまう。

装備を削った300万円以下のグレードを用意する。アメリカンホンダでのCR－Vのスターティングプライスは2万5750ドルだから、決して不可能なことではないと思うのだが、ホンダに訊くと「うちはそういう売り方はしないので」くらいのことを言われてしまう。台数が見込めないから価格を高めに設定して、結果として台数は更に落ち込むという分かりやすい図式にハマってしまっている。

クルマとしては、この全長で3列シートが用意されるなど、ホンダ車らしくパッケージングが、まず何より優れている。走りっぷりも、ここ最近どれもレベルアップ著しいホンダ車の先鞭をつけたというところで、とても質が高い。

パワートレインは1・5Lターボ＋CVTと、2モーターのハイブリッドを用意する。日常域はほぼ電気モーターだけで走るハイブリッドもいいし、実は案外軽快な1・5Lターボも捨て難い。前者は2列と3列、後者は2列シートだけの設定となるので、選ぶ際にはそちらとの兼ね合いということにもなるだろう。

実は中国市場ではプラグインハイブリッドも追加されている。安売りはしないというのであれば、むしろこちらの導入もアリかもしれない。御存じの通りRAV4にはすでに設定済みであり、高い人気を誇っているのだ。いずれにせよ、どちらかに突き抜けないと、存在感が更に薄まってしまいそうである。

▶CR－V

●4605mm×1855mm×1680(1690)mm／2660mm／1520〜1700kg●①1993cc，直4DOHC，145PS／6200rpm，17.8kgm／4000rpm，モーター:交流同期電動機，135kW(184PS)／5000-6000rpm，32.1kgm／0-2000rpm②1496cc，直4DOHCターボ，190PS／5600rpm，24.5kgm／2000-5000rpm●CVT●FF／4WD●336.2万〜455.8万円

フォレスター……………………スバル
アイサイトも走りも進化。グレード選びに悩む…

グローバルではスバルの最量販車種であるフォレスターが、大幅改良を受けた。前年にターボエンジンを搭載する「スポーツ」が設定されたばかりだが、それでも改良の手を緩めないのが、いつものスバル流である。

外観はバンパー、ラジエーターグリル、ヘッドランプなどの意匠が刷新されて、よりタフなイメージが強められた。X－BREAKに標準装備、他はオプションのルーフレールは、従来は一部グレードのみだったロープホールの装備を全車に拡大している。地味な装備だがコレ、アウトドアシーンで大いに役立ってくれるのだ。

走りの面ではシャシーのチューニングが改められているのと、X－MODEやヒルディセントコントロールの制御の改良など、地道なアップデートが施されている。そして目が行くのが、やはりアイサイトのアップデート。但し、新たに装備されたのは新型ステレオカメラ採用、ソフトの進化で機能を大幅拡張した新世代アイサイトで、アイサイトXではない。こちらはちょっと残念なところである。

試したのは1・8Lターボエンジンを積む「スポーツ」。スムーズに吹け上がりフラットなトルクをもたらすその特性は、気持ち良いドライブに貢献している。シャシーも熟成が進んで、従来よりもカドというかバリが取れたかのような滑らかな乗り味に仕上がっていた。

但しグレード選びは悩ましい。「スポーツ」もいいが、クロームパーツを多用しナッパレザーの本革シートまで装備する「アドバンス」も魅力的。いや、やはりフォレスターを選ぶなら傷の目立たない幾何学テクスチャーを各部にあしらい、室内も汚れモノをガンガン放り込めるよう配慮されているX－BREAKだろうか。改良前のモデルを雪山で試したが、その安心感、信頼感は格別のものがあったこともあり、一番それっぽい気がするのだ。

▶フォレスター

●4640mm×1815mm×1715(1730)mm/2670mm/1570〜1660kg●①1995cc, 水平対向4DOHC, 145PS/6000rpm, 19.2kgm/4000rpm, モーター:交流同期電動機, 10kW(13.6PS), 6.6kgm②1795cc, 水平対向4DOHCターボ, 177PS/5200-5600rpm, 30.6kgm/1600-3600rpm●CVT●4WD●293.7万〜330万円

NX 新機軸満載、渾身の新型。レクサスの新章開く

レクサス

今やレクサスの世界販売の3本柱のひとつという重要な位置づけとなるNXが、2014年のデビュー以来、初のフルモデルチェンジを行なった。この新しいNX、人気にもかかわらず守りに入らず、新機軸をこれでもかと採り入れた意欲作となっている。先進性、革新性こそが新しいユーザーを呼び込み、販売拡大に繋がるという判断が、そこにはある。

実は試乗できたのは校了間際で、すべてをここに記すことは叶わず。簡潔に言えば、走りは乗り心地もフットワークも深みを増した。中でもNX450h+は上質感が際立ち、NX350は走りは楽しいが、ややヤリ過ぎ感も、と感じた次第だ。

外観はひと目でNXと分かるものだが、これまでよりもアクティブな印象が、より強調された感がある。全長、全幅が20㎜、全高が15㎜増やされたボディはグリルがほぼ垂直に立てられ、リアオーバーハングが短縮されたことで、そうした疾走感、あるいは前進感が演出されているのだろう。リアを思い切り絞り込んだフォルム含めて、一層若々しくなった。

インテリアも今っぽい。何しろタッチパネル式のディスプレイオーディオは14・1インチという大画面で、かなり存在感がある。メーターも当然デジタル。更にヘッドアップディスプレイも備わる。

このマルチメディアシステムは新開発で、スイッチ類は煩雑ではなく操作に戸惑うことは無さそう。実際、ステアリングのタッチセンサースイッチを使って、手元を見ることなく様々な操作が可能と謳われているし、最新の音声認識機能も備わっている。

車両への乗り込みにはデジタルキーが使える。スマートフォンがキーの代わりになるのだ。また、前後ドアには新たに電子制御のe-ラッチシステムが採用された。スイッチを押すとドアを開けることが可能になるコレは、従来のレバーよりもスマートな所作を実現している。特に降車時はレバーを引きながらドアを押すのより、スイッチもドアも同方向に

▶NX

●4660mm×1865mm×1660mm／2690mm／1620～2010kg●①2487cc, 直4DOHC, 201PS／6600rpm, 24.5kgm／4400rpm②2393cc, 直4DOHCターボ, 279PS／6000rpm, 43.8kgm／1700-3600rpm③2487cc, 直4DOHC, 190PS／6000rpm, 24.8kgm／4300-4500rpm, フロントモーター:交流同期電動機, 134kW(182PS), 27.5kgm(リアモーター:交流同期電動機, 40kW(54PS), 12.3kgm)④2487cc, 直4DOHC, 185PS／6000rpm, 23.2kgm／3600-3700rpm, フロントモーター:交流同期電動機, 134kW(182PS), 27.5kgm, リアモーター:交流同期電動機, 40kW(54PS), 12.3kgm, 電池容量:18.1kWh, EVモード航続距離:88km●8AT／CVT●FF／4WD●455万～738万円

押す方が、自然というわけだ。

これを活かした安心降車アシストは、車両などの接近中に作動して、警告とともにドア開放をキャンセルして事故を防ぐ。アウタードアハンドルも触れるだけでラッチが解除されるかたちである。

走りもまさに全面刷新である。目玉はレクサス初のPHEVとなるNX450h+の登場。前輪を直列4気筒2・5Lエンジンと電気モーターで、後輪は高出力電気モーターで駆動し、容量18・1kWhのリチウムイオンバッテリーにより、充電された電力だけで最長88kmの走行を可能とする。

また、NX350F SPORTには新開発の2・4Lターボエンジンを積む。センターインジェクションの高効率ユニットは最高出力279PS、最大トルク43・8kgm。これに、あのGRヤリスと同じ機構の電子制御フルタイムAWDを搭載し、前後駆動力配分を75：25〜50：50まで常時可変させる。

その上、このモデルだけはボディ剛性も更に強化されており、レクサスの新しい走りの世界を拓くとしている。実際、少しだけ転がした限りでもその軽快感は別物だと感じた次第。これは楽しみだ。

ラインナップは他にもハイブリッドのNX350hのFFと4WD、ガソリン2・5LのNX250のやはりFFと4WDが揃う。

運転支援装備は当然、最新版に。前方の歩行者の存在、カーブの接近といった運転状況に応じてリスクを先読みして運転をサポートするというプロアクティブドライビングアシストなどは、AI自動運転の第一歩という感じで興味深い。また、駐車支援機能のアドバンスドパークは、車外からスマートフォンでの操作も可能になった。そう、クルマから降りて手元の操作で車庫入れが出来るのである。

こんな具合で満載の新機能、新機軸だけでも見どころは尽きないし、冒頭に少し触れたように走りっぷりの進化、いや深化にも感心させられた新型NX。それぞれのグレードの詳細については当方のYouTubeチャンネル「RIDE NOW」で確かめていただければと思う。

エクストレイル　日産

新型は可変圧縮比エンジンのe-POWERか。期待大

いよいよ2021年4月に中国で新型が発表され、兄弟車ローグも北米でフルモデルチェンジを果たしたが、日本では新型エクストレイルの発売、年明けということになりそうだ。これもまたコロナ禍、半導体不足の影響だろう。

実は先日、北米仕様のローグにテストコースで乗ることができた。パワーユニットは何と新開発の3気筒1・5L可変圧縮比エンジンである。燃費は上々でパワーもあり、しかも澄んだサウンドが気持ち良いエンジンと、進化したシャシーの組み合わせは実に魅力的と感じられ、ますます導入遅れがもったいなく感じられてしまう。

日本仕様にはおそらくe-POWERが積まれるのだろうが、この可変圧縮比エンジンも捨てがたい。いや、これで発電するe-POWERでもいいのでは…ともあれ発表はもうすぐのはずである。

▶エクストレイル

●4681mm×1840mm×1730mm／2706mm／1590〜1753kg●1497-1477cc, 直3VCターボ, 204PS／5600rpm, 30.6kgm／2800-4400rpm●CVT●FF／4WD●--万円
※写真、スペックともに中国モデルのもの。

前後2基の電気モーターは、いずれも出力を向上。この電動AWDシステムに数々のデバイスを統合制御するスーパーオールホイールコントロール（S－AWC）はご存じ、三菱のお家芸である。

クローズドコースでわずか15分だけ試したその走りは、全体に静粛性、スムーズさが増していて、大きな進化を感じさせた。車体側の剛性アップ、遮音性向上も効いているのだろう。見た目と同様、ひとクラス上の感覚である。自慢の旋回性能については、ステアリングの軽さ、車重の重さ、前後電気モーター制御のバランスに少しズレ、違和感を覚えたというのが率直な印象。これは一般道やそれこそ雪道などで、しっかり乗って改めて判断したい。

バッテリー総電力量も従来の13・8kWhから20kWhへ。電気モーター走行を、最長87㎞楽しめる。

ほぼすべてが一新され、新しい三菱を全身でアピールする1台となっている新型アウトランダーPHEV。内容を考えればこの価格は意欲的で、実際に販売の立ち上がりは非常に好調ということである。

アウトランダーPHEV……………三菱
持てる力を結集した新型。価格も意欲的

約8年半ぶりのフルモデルチェンジを行なったアウトランダーPHEVは、三菱が今持てる力を結集した1台である。見た目は、このブランドらしく重厚。正直、写真より実物の方が陰影が際立って洗練された感じではあるが、それでも押し出しは強い。

水平基調のインテリアはソフトパッドの多用で、力強くも上質なムードを演出。全幅が60㎜増とされたおかげもあり前席はとても余裕がある。また、セミアニリンレザーのシート地、リアルアルミニウムのトリムなどが使われ、更にスイッチ類の触感、操作感にまでこだわったということで、外観ともども先代よりもひとクラス上の存在感が出ている。

しかも特筆すべきはサードシートの採用である。PHEVコンポーネントのレイアウトの最適化、樹脂製燃料タンクの使用などによってスペースを見事にひねりだしているのだ。

▶アウトランダーPHEV

●4710mm×1860mm×1740(1745)mm/2705mm/2010～2110kg●2359cc, 直4DOHC, 133PS/5000rpm, 19.9kgm/4300rpm, フロントモーター: 85kW(115PS), 26.0kgm, リアモーター:100kW(136PS), 19.9kgm, 電池容量:20kWh, EVモード航続距離:87(85)km●固定ギア比●4WD●462.1万～532.1万円

ハリアー ……… トヨタ

快進撃やまず。欲しい物が詰まっている

デビュー以来、ずっと続いているハリアーの快進撃。未だに納車までには長い時間を要するようだ。

それもまったく不思議なことではない。元々レクサスＲＸの日本向け車名違いだったということで、培ってきたブランド力は半端ないし、外観だってスペシャルティ感は濃厚である。プラットフォームを共有するＲＡＶ４のオフローダーテイストとは敢えて真逆の前後をギュッと絞り込んだクーペフォルムは、文句なしに洗練されている。

内装の設え(しつら)も見事だ。と言っても素晴らしく高級というわけではなく、高級に見える。ふんだんに使われたシンセティックレザーは本革以上かというクオリティだし、大胆な曲面への使用、エンボス加工など使い方も上手。また、ＡＩ音声認識エージェント機能や、それを活用して「空を見せて」あるいは「星を見せて」と言うだけで、いやもちろんスイッチ操作でもいいのだが、とにかくガラスがサッと透明になる電動シェード付きパノラマルーフ、ドラレコとしても使えるデジタルインナーミラーなど、先進装備の充実ぶりも、ハリアーの伝統通りだ。

しかも走らせれば、しっとりと心地よい乗り心地を満喫できる。そもそものＧＡ－Ｋプラットフォームの素性の良さに加えて、極微低速域の滑らかさにこだわったというダンパーが、しっとりと上質な乗り心地を実現している。パワートレインはガソリンエンジン、ハイブリッド、ＦＦに４ＷＤと各種揃うが、売れ筋は新設定のハイブリッド＋ＦＦだという。このあたりを見ても、悪路云々という使われ方ではないことがよく分かる。

ギリギリ３００万円を切るガソリン＋ＦＦのエントリーグレードから、最上級の５００万円超まで揃うラインナップも、年齢層問わず様々なユーザーにアピールする。このあたりの商品企画も本当に隙が無い。間違いなく今、憧れのトヨタ車と言えばクラウンではなく、このハリアーである。

SUV

▶ハリアー

●4740mm×1855mm×1660mm／2690mm／1530～1750kg●①2487cc，直4DOHC，178PS／5700rpm，22.5kgm／3600-5200rpm，フロントモーター：交流同期電動機，88kW（120PS），20.6kgm（リアモーター：交流同期電動機，40kW（54PS），12.3kgm）②1986cc，直4DOHC，171PS／6600rpm，21.1kgm／4800rpm●CVT●FF／4WD●299万～504万円

CX－8 マツダ

度重なる改良で磨きかかる。今もなお魅力的

その前が2019年10月で、次が2020年12月。矢継ぎ早の改良で元々完成度の高かったCX－8、その出来栄えに更に磨きがかかっている。

特に目をひくのが最上級の「Exclusive Mode」だ。フロントグリルを専用デザインとし、バンパー下部にクロームをインサート。高輝度塗装の19インチホイールを履いたエクステリアは一段上のプレミアム感を演出していて、実に見映えがする。

インテリアもいい雰囲気だ。内装色はホワイト、そしてオーバーンの艶っぽい2色を用意。6人乗り仕様は、2列目がキャプテンシートとなり、電動スライド&リクライニング、ベンチレーションが備わる。そのシート、表皮はナッパレザーで、しかも新たにキルティング加工が施されているのだ。これなら輸入プレミアムカーにも、まったく負けていない。

また今回、センターディスプレイが8インチから最大10・25インチに大型化、マツダコネクトもアップデートされている。360度ビューモニターは全車標準装備となり、ハンズフリー機能付きパワーリフトゲートも用意されている。

試乗したのはクリーンディーゼルエンジンのXD。こちらも手が入っていて、中速域のトルクアップが図られ、最高出力も10PS増の200PSとされている。実用域のトルク感はそのままの良い感じ。その先の伸び感が増していて、加速が更に気持ちよくなっている。しかもアクセルペダルの重さが調整されて、コントロールがしやすくなっている。実はちょっとだけ重くなっていて、これが却(かえ)って微妙な操作をしやすくしているというから興味深い。

価格はAWDのガソリンターボ、ディーゼルともに499万9500円と頑張った設定。ラージアーキテクチャーを採用する新モデルの登場も近づいているが、今十分に魅力的な1台である。私なら断然、新ボディ色のプラチナクォーツメタリックで乗りたいところだ。

SUV

▶CX－8

●4900mm×1840mm×1730mm／2930mm／1730～1910kg●①2488cc，直4DOHC，190PS／6000rpm，25.7kgm／4000rpm②2488cc，直4DOHCターボ，230PS／4250rpm，42.8kgm／2000rpm③2188cc，直4DOHCディーゼルターボ，200PS／4000rpm，45.9kgm／2000rpm●6AT●FF／4WD●299.4万～511万円

RX …… レクサス

特別仕様車のセンス◎。モデル末期だがイイ

２０１５年にデビューした現行レクサスＲＸが未だ古さを感じさせないのは、２０１９年の改良で走りが見違えるようにシャキッとしたこともあるが、やはり何より秀逸なデザインに依るところが大きいように思う。元々このカテゴリーの先駆者ということもあって、その存在感は独特。フォロワーたちには真似の出来ない世界が築き上げられている。

２０２１年には特別仕様車として“Black Tourer”“Elegant Tourer”の２モデルが登場したが、私は特に後者に惹かれた。

ノーブルブラウンのダッシュボードやシートを採用したインテリアは、まさにエレガントなムード。シルバー塗装のスピンドルグリルを戴く外観も上質感たっぷりだ。レクサスの特別仕様車はどれも本当にセンスが良い。モデル末期かなと思いつつ、魅了されてしまったのだ。

▶RX

●4890(5000)mm×1895mm×1710(1725)mm／2790mm／1890〜2240kg●①3456cc, V6DOHC, 262PS／6000rpm, 34.2kgm／4600rpm, フロントモーター:交流同期電動機, 123kW(167PS), 34.2kgm(リアモーター:交流同期電動機, 50kW(68PS), 14.2kgm)②1998cc, 直4DOHCターボ, 238PS／4800-5600rpm, 35.7kgm／1650-4000rpm●6AT／CVT●FF／4WD●524万〜796万円

ランドクルーザー……トヨタ
凄まじい走破性はまさに本物。所有欲くすぐる

一体いつ出るのかと、ずっと言われ続けていた新型が遂に登場である。〝300系〟新型ランドクルーザー、実に14年ぶりのフルモデルチェンジとなる。

ランドクルーザーにとって、もっとも大事な命題は〝どこへでも行き、生きて帰ってこられる〟クルマだということだ。先代のチーフエンジニア氏との話で印象深いのは、行くだけなら多くのSUVにも可能かもしれないが、同じところを帰って来れるかどうかは別の話だという話である。一度なら、まぐれなら、行けるというのではダメで、間違いなく確実に行って帰って来られる性能が必須なのだ。

久しぶりの刷新だというのに車体の外寸、ホイールベースは基本的に従来型と変わっていないが、それも走破性のためだと聞けば納得するほかない。先代が通れた道が通れなくなったとしたら、それはランドクルーザーにとって進化ではないのである。

頑強なフレーム構造も、新設計のGA－Fプラットフォームとして踏襲された。これもまた高い信頼性、耐久性、悪路走破性のために他ならない。

では何が新しいのかと言えば、一番に挙げるべきは軽量化だろう。外板へのアルミ素材の多用などによって車重は約200kgの大幅減を実現している。それでいて、ボディ剛性は約2割向上したと言う。しかもエンジン搭載位置はより後方、そして下方に移されて重量配分、重心高を改善しているのだ。

エンジンも刷新されて、従来のV型8気筒4・6Lガソリンユニットは、V型6気筒3・5Lツインターボに置き換えられた。更に、何と新開発だというV型6気筒3・3Lディーゼルシーケンシャルツインターボエンジンも設定。いずれも10速ATと組み合わされている。

一般道を走らせると、身のこなしの軽さをすぐに実感できる。フレーム付き構造独特のユサユサとした動きは無くはないのだが、まあこれがランクル。決してイヤではない。むしろクルマの側から妙に急

かされるようなことのない、ゆったりとした感じが個人的には気に入った。

ステアリングの操舵力が軽くなったのも、軽やかに感じる要因だろう。実はパワーステアリングは信頼性、耐久性の高い油圧式をベースに、電動の操舵アクチュエーターを加えることで低速域での操舵力の重さやキックバックの大きさといった従来あったネガを改善している。電動なので、レーントレーシングアシストを搭載できるのもポイントだが、こちらの制御は、無いよりマシという程度でまだ洗練が足りないというのが実際のところだ。

ちなみに基本骨格を共有する新型レクサスＬＸのパワーステアリングは電動となった。このあたりの棲み分けは興味深いところである。

パワートレインはガソリンもディーゼルも、非常に走らせやすい。低中速域からトルクがたっぷりあるというだけでなく、繊細な操作に正確に反応してくれるから、穏やかに発進するとか、じわりと加速するとか、そういう場面で本当に扱いやすいのだ。

シャシーもそうだが、これは本気でオフロード走行を考えているクルマならではと言える。砂の上、岩の上を滑らないよう慎重に走破していくという場面では、過剰なレスポンスは命取り。豊かなトルクと正確な反応がマストなのである。

その意味ではブレーキもいい。ペダル操作を電気信号に置き換えて、最適な制動力を発生させるという電子制御ブレーキシステムは、ペダルタッチに優れ、応答性もコントロール性も文句なし。街中のゴー・ストップなどでも非常に快適なのだ。

では肝心なオフロードの性能はどうか。ランドクルーザーは当然、標準でローレンジを備えている。路面状況に応じて駆動力などを最適に制御するマルチテレインセレクトは、今回からローレンジのＬ４だけでなく、Ｈ４でも使えるようになった。登りでも下りでも、時速ひと桁台の速度でゆっくりと進むことを可能にするクロールコントロールも引き続き搭載されている。

実際にオフロードコースで試したその走りには正

▶ランドクルーザー

●4950(4965,4985)mm×1980(1990)mm×1925mm/2850mm/2360〜2560kg●①3444cc, V6DOHCターボ, 415PS/5200rpm, 66.3kgm/2000-3600rpm②3345cc, V6DOHCディーゼルターボ, 309PS/4000rpm, 71.4kgm/1600-2600rpm●10AT●4WD●510万〜800万円

直言って圧倒された。先代よりトラベル量の増えたサスペンションは、どんなうねった路面でも4輪を確実に接地させ、しっかりとグリップ。ブレーキ制御もかなりきめ細かく行なわれているのだが、電子制御ブレーキシステムは余計なキックバックなどを伝えて来ず、リラックスして走らせることができる。

同じコースを、あのランドクルーザー70で走らせた時には何度も空転して滑りながら後退してしまった急な上りのセクションを、新型ランドクルーザーは難なく一発で登り切ってしまった。技術の進化、ハッキリ感じさせられたのである。

こういう所を走るなら、とりわけ新設定のGRスポーツが良い。ダカール・ラリーで培ったノウハウを反映させたグレードということで、前後バンパーはアプローチ/デパーチャーアングルを稼ぐ形状とされ、E-KDSSと呼ばれる電子制御で締結、切り離しが出来るスタビライザーも搭載されたこのモデルは、更にアシがよく動き、キツいアングルでも臆せず飛び込んで行ける。いや、もちろんそんな場面に遭遇することは普段はほぼ無いのだが、そういう本物志向のモデルは、所有欲をくすぐるのだ。

くすぐられても、従来はセキュリティが不安の種となっていたランドクルーザー。しかし新型では、不安の種だったセキュリティに関して、トヨタ初の指紋認証スタートスイッチが採用されたことで安心感が増したのも、一層くすぐるところである。

サイズを含むパッケージングにも、ハードウェアにも、そしてすべての変更されたポイントにも、確固たる意味や理由がある。まさしく本物の〝ギア〟。正直、最後に選ぶべきクルマはコレかな、なんて思って、惚れ込んでしまった。

それでも、レーントレーシングアシストの精度は今のままでは不満だし、パワートレインも何らかのかたちで電動化されていてほしかったとは思わざるを得ない。色々トライはしているようなので、それがお目見えしたら、私にとっては本命となるだろうか。とにかく言えるのは14年待たされた甲斐はあったということ。それに尽きる。

LX　レクサス

ド迫力グリルの新型登場。走りの進化が楽しみ

ランドクルーザーと基本骨格を共有するレクサスLXも新型が発表された。車名はLX600である。

フレーム無しの新しいスピンドルグリルがド迫力の外装は、すべて専用。インテリアは3列シート7人乗りが標準だが、新たに4人乗りの後席重視仕様「Executive」が設定されている。

プラットフォームだけでなくガソリンV型6気筒3・5Lツインターボエンジンも、ランドクルーザーと共通となる。差別化が無かったのは、ちょっと意外。しかしながら、こちらはAHS（アクティブ・ハイトコントロール・サスペンション）が採用され、またパワーステアリングも電動となる。レクサスとしては、極限の耐久性より上質感や快適性に重きを置いているということだろう。

先代の重厚で質高い走りがどう進化しているかは注目である。F SPORTの初設定もニュースだ。

▶新型 LX

※スペック・価格の詳細未発表。

カテゴリー総評

多様なクルマが競い合う。嬉しい限り ［SUV］

　今や乗用車の主流ということで、前方に引っ越しさせたSUV／クロスオーバー。ご覧の通りモデル数は驚くほど多いが、嬉しいのは似たクルマがほとんど無いことだ。いわゆる同じセグメントでライバルと呼ばれるような位置関係にあっても、サイズだったりフォルムだったりパワートレインだったりが、ほぼ重なり合わない。バラエティに富んだモデルが立ち並ぶこのカテゴリー、クルマ選びが楽しいことは間違いない。

　トヨタ・カローラクロスの価格には驚いた。ギリギリ200万円を切るエントリーモデルだけでなく、すべてのモデルの価格設定が絶妙。たとえばヴェゼル、CX－30とざっくり同じ値段でひと回り大きいサイズのクルマに乗れるのだと言える。

　面白いのは、それならばとヴェゼルに改めて乗ると、サイズは小さいのに後席は圧倒的に広く、逆に上のクラスを検討している人まで誘引する力があるという事実である。価格設定的にヤル気のない兄貴、CR－Vの分まで含めて、ヴェゼルはひとりでトヨタSUV連合を相手にしているのだ。

　まさに我が道を悠然と行くランドクルーザーのフルモデルチェンジも印象は強い。あれだけのオフロード性能、永遠に使うことはないと思うのだが、それでも欲しくなってしまうのは、やはりきっと出すことのない300km／hを出せるスポーツカーへの憧憬と同じような感じだろうか。そしてこのクルマも、価格は安過ぎるくらいだと感じている。

　コロナ禍もありレクサスNXの試乗がギリギリになったのは残念だ。アウトランダーPHEVも、年明けには一般道でじっくり試すつもりである。更に同じアーキテクチャーを使うエクストレイルも出てくるはずであり、こちらも楽しみだ。

　そして何と言っても注目したいのがマツダのラージアーキテクチャー採用モデルの導入だ。先行するのは2列シートのCX－60だろうか。いやはや2022年もこのカテゴリー、話題が尽きることはなさそうだ。

シャトル

ホンダ

地味だが他にない価値アリ。次期型見てみたい

センタータンクレイアウトのプラットフォームをフィットと共有するシャトルだが、フィットの新型が出た後も、次期型の話は聞こえてこない。販売台数的には苦しいが、このクルマにしかない価値があるだけに、続きを見てみたいところではある。

一番の価値が、5ナンバーサイズとは思えないほどの居住性と荷室空間であることは間違いない。案外、別荘族から地味に支持されているという話があるが、狭い道も苦にならないサイズと、このスペーススユーティリティからすれば確かにピッタリ。4WDモデルなどは、最良の選択になるのだろう。

それこそ新型フィットのような、ヘンに格好つけない道具っぽいデザインと2モーターハイブリッド、あるいはそれにちょっと車高を上げた仕様なんてあったら、最良のクロスオーバーになれるのでは？なんて思うのだ。

▶シャトル

●4440mm×1695mm×1545（1570）mm／2530mm／1130～1300kg●①1496cc，直4DOHC，110PS／6000rpm，13.7kgm／5000rpm，モーター：交流同期電動機，22kW（29.5PS）／1313-2000rpm，16.3kgm／0-1313rpm②1496cc，直4DOHC，129PS／6600rpm，15.6kgm／4600rpm●7AT／CVT●FF／4WD●180.8万～277.2万円

カローラ

カローラクロス登場で立ち位置変わるか

トヨタ

２０２１年、カローラは世界累計販売５０００万台という大記録を打ち立てた。１９６６年の日本での発売から実に55年の積み重ねで築いた金字塔である。時代の変化に合わせて様々な車型を投入してきたカローラは、２０２１年はカローラクロスという初のＳＵＶをラインナップに加えた。カローラとは特定の車型のクルマを指すのではなく、常に時代の真ん中で、幅広いユーザーにクルマのある便利さ、楽しさを提供する存在のことを言うのだろう。

もちろん長い歴史の間には出来の悪い子も居た。トヨタ自身、若返りを目指したオーリスの投入などで伝統の名を半ば蔑ろにしたこともある。しかし、そういう紆余曲折があったからこそ今、カローラは改めて強固なブランドになっているわけだ。

２０２１年７月にセダンとツーリングはペダル踏み間違いによる急加速を抑制するプラスサポートをオプション設定し、ナノイーＸを搭載するなどの小改良を実施した。更に同年11月には、50 Million Edition を発売したのだが、これには実に興味深い装備「除電スタビライジングプラスシート」が搭載されている。

車体各所で発生した静電気が滞留すると、ボディが帯電して表面を通る空気の流れが乱れ、車両挙動に悪影響を及ぼす。このシートは、従来ドライバー席で帯電していた静電気を分散することでボディ表面の空気をきれいに流し、車両挙動を安定させる。

と言っても、おそらく信じられないという人が多いかもしれないが、アリナシを試すと「えっ？」と驚くくらい差は明らかである。トヨタが採用するくらいだから当然なのだが、とにかく面白い。

カローラクロスが出たことでセダンとツーリングの立ち位置、今後は少し変わってくるだろうか。それこそ敢えてカローラのセダンを選ぶのは、こだわりの証。そんな風に見えるようになってきたら、それもまた面白いのではないだろうか。

▶カローラ・セダン

●4495mm×1745mm×1435mm／2640mm／1250～1440kg●①1797cc，直4DOHC，98PS／5200rpm，14.5kgm／3600rpm，フロントモーター:交流同期電動機，53kW(72PS)，16.6kgm(リアモーター:交流誘導電動機，5.3kW(7.2PS)，5.6kgm) ②1797cc，直4DOHC，140PS／6200rpm，17.3kgm／3900rpm③1196cc，直4DOHCターボ，116PS／5200-5600rpm，18.9kgm／1500-4000rpm●6MT／CVT●FF／4WD●193.6万～294.8万円

▶カローラ・スポーツ

●4375mm×1790mm×1460(1490)mm／2640mm／1300～1400kg●①1797cc，直4DOHC，98PS／5200rpm，14.5kgm／3600rpm，モーター:交流同期電動機，53kW(72PS)，16.6kgm②1196cc，直4DOHCターボ，116PS／5200-5600rpm，18.9kgm／1500-4000rpm●6MT／CVT●FF／4WD●216.9万～284.1万円

マツダ3 マツダ
走りもカッコも惚れ惚れ。もっと売れていい

実用性の追求はCX－30に託して、スタイリッシュなパーソナルカーの道を行くマツダ3、個人的にはとても好きな1台なのだが、セールスはそんなに思わしい感じではない。

こういったクーペ的な、あるいはスペシャルティカー的な存在を求める人が少なくなっているのだとしたら寂しい。クルマ文化の成熟度、まだ足りないぞと思ってしまうのである。

それでもマツダは改良の手を緩めることはない。2021年10月発表されたのは、頭に〝e－〟が付けられるようになったe－スカイアクティブX搭載のAT車のアクセルペダル操作力の最適化というメニュー。吸排気音のチューニング、シフトアップにシンクロさせたサウンドの変化といった改良と併せて、一体感のある加速フィーリングを作り出しているという。何とマニアックなんだろう！

一方でリーズナブルな価格のSmart Editionも設定することで、e－スカイアクティブXの世界を、奥行きそして間口とも拡大しようとしているのも見逃せない。その惚れ惚れするようなアクセル操作に対する一体感は、そうやって味わうチャンスが訪れたら、クルマ好きならきっと虜になるに違いない。

外観ではディミングターンシグナルを採用。生命感をもたせた点滅は、デザインに合っている。また、CX－5などで販売の大きな割合を占める特別仕様車のBlack Tone Editionも新たに設定された。ブラック化されたホイールとドアミラーカバー、インテリアにあしらった赤色でスポーティに仕立てた仕様は、こちらも人気が出るだろう。

しかし個人的に一番の注目は、実は新色となるプラチナクォーツメタリックの設定だ。上品なシャンパンゴールドは、美しい陰影を描き出すマツダ3のスタイリングにぴったりで、とてもドレッシー。とりあえずは早いところ、実車を街の光の下で眺めてみたいところなのだ。

▶マツダ3ファストバック

●4460mm×1795mm×1440mm／2725mm／1320〜1520kg●①1496cc, 直4DOHC, 111PS／6000rpm, 14.9kgm／3500rpm②1997cc, 直4DOHC, 156PS／6000rpm, 20.3kgm／4000rpm③1756cc, 直4DOHCディーゼルターボ, 130PS／4000rpm, 27.5kgm／1600-2600rpm④1997cc, 直4DOHCスーパーチャージャー, 190PS／6000rpm, 24.5kgm／4500rpm, モーター:交流同期電動機, 4.8kW(6.5PS)／1000rpm, 6.2kgm／100rpm●6MT／6AT●FF／4WD●222.1万〜368.8万円

▶マツダ3セダン

●4460mm×1795mm×1440mm／2725mm／1320〜1520kg●①1496cc, 直4DOHC, 111PS／6000rpm, 14.9kgm／3500rpm②1997cc, 直4DOHC, 156PS／6000rpm, 20.3kgm／4000rpm③1756cc, 直4DOHCディーゼルターボ, 130PS／4000rpm, 27.5kgm／1600-2600rpm④1997cc, 直4DOHCスーパーチャージャー, 190PS／6000rpm, 24.5kgm／4500rpm, モーター:交流同期電動機, 4.8kW(6.5PS)／1000rpm, 6.2kgm／100rpm●6MT／6AT●FF／4WD●222.1万〜368.8万円

インプレッサ……スバル

買うならSTIスポーツを推す。FF版も◎

SGP（スバル・グローバル・プラットフォーム）採用第一弾として現行インプレッサが登場してから気づけば5年。レヴォーグ以降の最新世代のスバル車の完成度の高さの前では、さすがに古さを感じるのも事実だが、単体で見ればまだまだ魅力ある存在なことに変わりはない。

特に2019年11月の大幅商品改良版からは、しなやかに動くサスペンション、アイサイト・ツーリングアシストの採用など、格段の進化を果たしている。e-BOXERも面白いが、買うならやはりSTIスポーツだろう。18インチタイヤ、フロントのSHOWA製の周波数応答型ダンパーによるその走りは、操舵フィールに優れグリップレベルも心地よくて、日常域でも楽しめる。軽快なFF版は価格的もリーズナブルで〝スバル＝AWD〟というこだわりが無ければ、オススメである。

▶インプレッサ

●4475mm×1775mm×1480（1515）mm／2670mm／1300〜1530kg●①1995cc, 水平対向4DOHC, 145PS／6000rpm, 19.2kgm／4000rpm, モーター:交流同期電動機, 10kW（13.6PS）, 6.6kgm②1995cc, 水平対向4DOHC, 154PS／6000rpm, 20.0kgm／4000rpm③1599cc, 水平対向4DOHC, 115PS／6200rpm, 15.1kgm／3600rpm●CVT●FF／4WD●200.2万〜292.6万円

プリウス／プリウスPHV……………トヨタ

かつての先進性を失った今、次はどうする

ライトまわりなどのディテールが見直されて以来、ちゃんと売れるようになったプリウスだが、さすがに最近は販売にも元気がない。プリウスにとっては、そろそろ今後の身の振り方を考えなければならない時期であることは間違いないだろう。

身の振り方というのは、つまり次期型以降どのように進化していくのかということである。ひとつはハイブリッド車として燃費をとことん追求し、そしてしっかり数を売っていくという道。もうひとつは、初期のプリウスがそうだったような、先進性を前面に出した、将来技術を先取りして搭載する言わばアーリーアダプター向けの存在という道だ。

トヨタ車の多くにハイブリッドが設定されている今、このままの道を行くのは悪くはないが、面白くはない気がする。世界に、トヨタなりのカーボンニュートラルのリアルな道はここだと示すような、より進化した技術を載せて出てきてくれたらと、やはり私は思ってしまうのである。

あるいはプリウスPHVは、そういう意気込みで出てきたクルマなのかもしれないが、思ったほどは普及に繋がらなかったというのが実際のところだ。乗ると素晴らしく良いし、バッテリー容量なども含めて使い勝手は本当によく練られていたのだが、世間が求めているのは、もっとシンプルな使い勝手で、且つ目新しいものだったのだろうか。

このプリウス&プリウスPHV、2021年は6月に、全車にディスプレイオーディオが備わるなど小変更を受けている。そう、プリウスPHVは従来、プリウス用とは別の11・6インチナビゲーションシステムとDCM（車載用通信機）を全車に備えていたのに、携帯電話と繋いで使うことが前提となり、しかも画面が8インチに小さくなったわけである。ユーザーはあまり高くて大きい画面は欲していないのかもしれないが、プリウスPHVなりの独自の先進性アピールだったので、ちょっと残念だ。

▶プリウス

●4575mm×1760mm×1470mm／2700mm／1320〜1460kg●1797cc，直4DOHC，98PS／5200rpm，14.5kgm／3600rpm，フロントモーター:交流同期電動機，53kW（72PS），16.6kgm（リアモーター:交流誘導電動機，5.3kW（7.2PS），5.6kgm）●CVT●FF／4WD●259.7万〜364万円

▶プリウス PHV

●4645mm×1760mm×1470mm／2700mm／1510〜1550kg●1797cc，直4DOHC，98PS／5200rpm，14.5kgm／3600rpm，モーター:交流同期電動機，53kW（72PS）／ 23kW（31PS），16.6kgm／4.1kgm，電池容量:8.8kWh，EVモード航続距離:60km●CVT●FF●338.3万〜401万円

インサイト

ホンダ

走りもデザインもけっこう良いのに…

走りは悪くないし、今っぽいクーペライクな4ドアのデザインも美しい。しかも中身は2モーターハイブリッドと、いい要素が揃っているように見えるインサイトが売れないのは、初速でもたついたのが敗因だろう。登場初期には地味なボディカラーしかなかったし、そもそも月販目標は1000台に過ぎず、よって満足なPR活動もされなかった。開発責任者も何だか自信はなさげで、全身で「売れなくていいです」と言っていたように見えたものである。

しかし2020年5月に設定されたEX PRIME STYLEと、内容が進化したEX BLACK STYLEは、いずれも装備のセンスが良いし、ボディカラーの選択肢も増えた。今のインサイト、決して悪くはないと私は思う。このクラスのハイブリッドもしくはセダンがほしいけれど、プリウスはちょっともう…なんて人は、見てみて損はないはずだ。

▶インサイト

●4675mm×1820mm×1410mm／2700mm／1370〜1400kg●1496cc, 直4DOHC, 109PS／6000rpm, 13.7kgm／5000rpm, モーター:交流同期電動機, 96kW（131PS）／4000-8000rpm, 27.2kgm／0-3000rpm●CVT●FF●335.5万〜372.9万円

カテゴリー総評

はっきりした個性無ければ生き残れない

［セダン・ワゴン１］

所謂コンパクトカーよりはひとつ上の、欧州Cセグメントなどと言われるクラスを中心としたセダン、ワゴンの市場は今、そんなに活発ではないというのが率直な印象である。2021年は新型シビックの登場以外に、ニュースらしいニュースはなかった。

日常の足プラスアルファくらいの使い方であれば、それこそコンパクトカーでも十分こなせるし、今やガマンを感じたり、あるいは周囲にガマンしていると感じさせるということもない。一方、室内や荷室などにある程度の余裕が欲しいという人は、まずSUVの方に目が向くだろう。

そう考えると、このセグメントはどれも消去法などではなく、熟考した上で敢えて、SUVではない答として選択されているクルマたちだと言うことができそうだ。そんなトレンドにいち早く乗ったのがマツダ3で、特にハッチバックは前席重視のパーソナルカーとして生み出されている。実用性やファミリーユースはCX－30に託したかたちである。

カローラクロスの登場で、カローラのセダンやツーリングなどもそのような存在になってくるのかもしれないと私は思っている。さて、そうなるとインプレッサは今後、どちらの方向に行くのだろうか？

プリウスについては本文にも書いた通り、やはり次にどのようなモデルになるのかが、そろそろ気になりはじめている。私としては2世代目の頃のように、ちょっとトンガッた存在感を示してほしいのだが。ハイブリッドを極めた燃費とドライバビリティ、そして先進のパッケージングにHMI。守るより攻めてほしい。

もう一方のハイブリッド専用車、インサイトはおそらくシビック・ハイブリッドの登場後にはフェードアウトしていくことになるのだろう。本当はもっと売り方があったのではないかと思うと、ちょっと残念だ。

SUV全盛の中、あるいはニッチな選択肢となってくるのかもしれない、このセグメント。それならば、しっかり突き抜けてほしいのである。

bZ4X……トヨタ／ソルテラ……スバル

「遅れてる」論を一蹴か。相当な意欲作

ヨーロッパを中心に海外勢がBEV〝だけ〟への急激なシフトの中で、ハイブリッド、PHEV、FCEVまで取り揃えるにも関わらずカーボンニュートラルへの取り組みが遅れているとレッテルを貼られてきたトヨタから、遂に量販BEVが登場する。その名もbZ4X（ビーズィーフォーエックス）は、スバルとの共同開発によって生まれたもので、やや遅れてスバルからはソルテラがデビューを飾った。

いずれもハードウェアの基本部分は共通で、共同開発したBEV専用プラットフォームを用いる。全長4690㎜に対してホイールベースは2850㎜と長く、1650㎜という低めの全高も相まって、プロポーションはかなりスポーティ。敢えて樹脂製のままとされた前後フェンダーの大胆な造形も相まって、洗練感と力強さがいい具合にブレンドされている。両車の違いは一部だが、顔つきなどはそれなりにブランドごとの個性も出ていると言っていい。

ステアリングホイールの上から見るトップマウントメーターを採用したインテリアは、なかなか先進的だ。最新世代のインフォテインメントシステムには、クラウド情報を活用するコネクティッドナビを搭載。ワイパーやエアコンなどの音声操作もできる。また、スマートフォンで施錠・解錠からクルマの起動まで行なえるデジタルキーも採用された。

bZ4Xのワールドプレミアの際に公開されたステア・バイ・ワイヤ・システムと操縦桿のようなステアリングホイールの組み合わせは遅れての導入となるという。スバルも採用検討中とのことである。

ホイールベースの長さを活かして室内空間は広々。特に前後席間距離は1000㎜を確保しているということで、後席足元の余裕は大きい。このあたりはEVのメリットを活かした空間設計の賜物だ。

電気モーターはFWDモデルでは前に1基、4WDでは前後2基が搭載される。システム最大出力は前者が150kW、後者が160kWという設定で、い

わゆるシングルペダルでのコントロールもオンオフが可能だ。路面状況などに応じて駆動力、ブレーキ力を最適制御するスバルのX－MODEが両車に搭載されるほか、悪路などでの一定速走行を可能にするグリップコントロールも採用される。

バッテリー容量は71・4kWhで、航続距離は発表数値が両車で異なるが、概ね500km前後となる。充電は150kWまで対応である。

まだ実車、そしてスペックを見ただけの段階だが、感心させられたのは使い勝手や耐久性といったBEVにつきまとうネガの部分を、じっくり作り込んできているところだ。冬場の航続距離確保のために、効率に優れたステアリングやシートのヒーターが用意され、エアコンもヒートポンプ式に。更にbZ4Xには輻射式ヒーターも設定されている。

電池容量維持率は世界トップレベルの10年後90%を目指すという。また、バッテリーには万一の事故で漏れ出した際にもショートしにくい冷却水を使うなど、安全性の追求も徹底されているという具合だ。

そして注目が年間1800km走行分相当を発電できるというルーフソーラーパネルである。これこそ本気でカーボンニュートラルを志向している証と言えるし、BEVにつきまとう充電問題の解消にも繋がる。自宅に充電環境のない私でも年間走行距離の3分の1相当分くらいは充電ストレスから解消されると考えれば、これは大きい。

トヨタはBEVに消極的だったわけではなく、再生可能エネルギー由来の電力網があるなどの適した場所であればカーボンニュートラル実現のための有効な選択肢になるとかねてから主張していた。そして満を持して投入されたこのbZ4Xを見れば、単にBEVであれば良しとするのではなく、その効率性への徹底的なこだわりに感心させられる。

bZ4Xの投入で、もはやトヨタをBEVに消極的とか、カーボンニュートラルへの取り組みが遅れているなどと宣うことはできなくなるはずだ。日本での発売は、ソルテラともども2022年の年央の予定だという。

▶bZ4X

●4690mm×1860mm×1650mm/2850mm/1920〜--kg●①フロントモーター:交流同期電動機,150kW(204PS),電池容量:71.4kWh,航続距離:500km前後②フロントモーター:交流同期電動機,80kW(109PS),リアモーター:交流同期電動機,80kW(109PS),電池容量:71.4kWh,航続距離:460km前後●固定ギア比●FF/4WD●--万円
※スペックはトヨタによる社内測定値

BEV・FCEV

▶ソルテラ

●4690mm×1860mm×1650mm/2850mm/1930〜kg(4WD車は2020〜kg)●①フロントモーター:交流同期電動機,150kW(204PS),電池容量:71.4kWh,航続距離530km前後②フロントモーター:交流同期電動機,80kW(109PS),リアモーター:交流同期電動機,80kW(109PS),電池容量:71.4kWh,航続距離:460km前後●固定ギア比●FF/4WD●--万円
※スペックはスバルによる社内測定値

ホンダe　ホンダ

案外、実用的。走りも趣味も◎。が、価格が…

電動化に大きく舵を切ったホンダの、初の量販BEVとして登場したのが、その名もホンダeである。開発にあたっては、BEVだからこその愉しさ、歓びをこれでもかと採り入れたという。

電気モーターをリアに積み後輪を駆動するRRレイアウトは元々の採用理由は小回り性の確保だが、副産物としてキビキビとしたフットワークによる操る楽しさに繋がっている。駆動用バッテリーの容量は35・5kWh、航続可能距離はWLTCモードで283km だから、まあ実質200kmというところ。大容量・長距離こそ正義という価値観から外れて、目指したのは街乗りベストだという。

実際、BEVは回生という武器があるから、おそらく主に使われるだろう街中のゴー・ストップの連続なら意外なほど走ってくれる。更に、急速充電の速度の落ち込みにも配慮したというから、実際には案外、充電の遅い大容量BEVを凌ぐ使い勝手が実現できていたりもするのだ。

そんなメカニズムを包み込むデザインは、つるんと丸っこい愛らしいものだが、これには走りがシームレスなら見た目も、という発想だという。愛らしいけれど男が乗ってもしっくり来るのは、作り込みのクオリティが高いからだろう。

一方、室内はリビング感覚を謳い、実際にウッド調パネルやシートのファブリックなどの風合いは、とても良い。これにサイドカメラミラー用を合わせて5枚のディスプレイを並べたのは、充電中に車内で過ごす際に、たとえば映画を観るなどの使い方を想定したという。BEVには停車時の価値も重要というわけである。

正直、価格の高さには二の足を踏んでしまうが、つい触れてみたくなるクルマであることは間違いない。問題はこのクルマが出た後に、同じような精神で市場に斬り込んでくるようなクルマが続かなかったこと。まあ、それは来年以降に期待だろうか。

▶ホンダ e

●3895mm×1750mm×1510mm／2530mm／1510〜1540kg●①モーター:交流同期電動機, 100kW（136PS）／3078-11920rpm, 32.1kgm／0-2000rpm, 電池容量:50.0kWh, 航続距離:283km②モーター:交流同期電動機, 113kW（154PS）／3497-10000rpm, 32.1kgm／0-2000rpm, 電池容量:50.0kWh, 航続距離:259km●固定ギア比●RR●451万〜495万円

リーフ 日産

改めて真価問われる時。勝負はこれからだ

２０２０年末に日産リーフは、累計販売台数50万台を達成したという。量産ＢＥＶの先駆けであるにも関わらず、後発のテスラに台数的に大きな差をつけられているのは事実だが、それでも50万台という数をコツコツ売ってきたことは、やはり称賛されるべきだろう。

しかも特筆するべきは、リーフは今まで１台たりともバッテリー発火事故を起こしていないのである。これはまさに日産の、あるいは日本メーカーのていねいな仕事ぶりを象徴する話と言っていいのではないだろうか。台数など数字ばかりを追うのではなく、まず信頼性、安全性を担保する。これは本来、当たり前の話のはずである。事故が起きていないことを誇るというのは確かに難しいが、世間はもっとこのことを知っていてもいいはずだ。

このリーフ、登場から今までに62kＷｈの大容量バッテリーの搭載により航続距離を４５８㎞に伸ばしたe＋や、ＢＥＶならではのドライビングダイナミクスを更に究めたＮＩＳＭＯなど、選択肢をじわじわ充実させてきた。いずれも違ったかたちでＢＥＶの魅力を拡充させたモデルで、今のラインナップはなかなか良いかたちのように見える。

２０２１年の変更点は、外観に少しだけ手が入れられた程度である。Ｖモーショングリルと呼ばれるグリルの縁取りの部分がクロームからブラックになり、日産マークが最新のＣＩに基づいたものに。同時にインテリアでは、プラズマクラスターや抗菌シート＆ステアリングの採用などが行なわれている。いずれも大きな変更ではないが、しかし嬉しい進化であることは間違いない。

アリアの投入で、日産のＢＥＶラインナップはようやくレンジが拡大することになった。更に２０２２年にはブランド初のＢＥＶ軽自動車も投入される。そうなればリーフにも改めてスポットライトが当たることになるかもしれない。勝負はこれからである。

▶リーフ

●4480(4510)mm×1790mm×1560(1565,1570)mm／2700mm／1490〜1680kg●①モーター:交流同期電動機, 160kW(218PS)／4600-5800rpm, 34.7kgm／500-4000rpm, 電池容量:62kWh, 航続距離:458km②モーター:交流同期電動機, 110kW(150PS)／3283-9795rpm, 32.6kgm／0-3283rpm, 電池容量:40kWh, 航続距離:322(281)km●固定ギア比●FF●332.6万〜499.8万円

アリア…………日産

日産の勝負グルマがやっとユーザーの手に…

初めて実車と対面したのが2020年7月だから、何と1年半も待たされることになったが、ようやく日産の新しいBEV、アリアがユーザーの手に渡り始める。リーフで電動化モビリティの時代に先駆けたものの、思うように販売台数を伸ばせないで居た日産にとっては、まさに勝負の1台である。

新開発のBEV専用プラットフォームを使うアリア。全長4595㎜のクーペSUVボディは、先に投入されたノートやオーラにも共通するテイストのスタイリングをまとう。「タイムレス・ジャパニーズ・フューチャリズム」というコンセプトが掲げられており、確かに未来感、サイバーネスのようなものが感じられる。

ラジエーターグリルの代わりに設けられたスモーク調パネルの奥には日本の伝統的な組子のパターンが表現されている。単に伝統の柄を使うというだけでなく、奥にそっとあしらっているというあたりも、また日本というわけだ。

インテリアは日本の〝間〟を意識したということで、やはりすっきりとしていてモダンな雰囲気。ウッドパネルのあしらい方もいい感じだ。物理スイッチは省かれ、操作はトリムパネルなどに浮かび上がったタッチスイッチで行なう。これらは触れると指先に振動が伝わるハプティクスイッチとされ、小気味良い操作感を実現しているのである。

更に、電気モーターの脇にエアコンユニットを搭載することによって室内スペースの奥行きを稼ぐといったパッケージング上の工夫も、このすっきり感に効いているのだろう。いや、実際には〝感〟どころでなくひとクラス上の室内長、確保しているのだ。

パワートレインは、66kWhバッテリー搭載のB6、91kWhバッテリー搭載のB9の、それぞれに前輪駆動とe-4ORCE（イーフォース）と名付けられた先進の駆動力制御機能を奢った4WDが用意され、計4モデルが揃う。もっとも航続距離が長いのは2WD

BEV・FCEV

▶アリア

●4595mm×1850mm×1655mm／2775mm／1900〜2200kg●①モーター:160(178)kW(218(242)PS), 30.6kgm, 電池容量:65(90)kWh, 航続距離:450(610)km②モーター:250(290)kW(340(394)PS), 57.1(61.2)kgm, 電池容量:65(90)kWh, 航続距離:430(580)km●--●FF／4WD●539万〜790万円　※②は前後のモーターをあわせた出力

のＢ９で、最大６１０㎞。とは言え、最短のe-4ORCEのＢ６だって４３０㎞というから、十分と言っていいだろう。

２０２1年6月に予約注文が始まったのは、特別限定車のアリア・リミテッド。そのうち前輪駆動のＢ６が、今冬より発売になる。テストコースの中だけで、ではあるが実際にステアリングを握って感じたのは、とても素直なクルマだということだ。

シングルモーターでも最高出力は１６０kwつまり２１８PS、最大トルクは30・６kgｍあるだけに、力感は十分。車重１９００kgの車体を軽々と加速させるが、アクセル操作に対する反応はきれいに丸めてあって、いきなり蹴飛ばされるようにダッシュしたりといったことは無い。力強く、そして意のままになるという感覚が心地良い。

フットワークもそうで、重心の低さ、そして前寄り過ぎない前後重量バランスが効いていて、とても素直に、気持ち良く向きが変わる。明らかに、前輪駆動のガソリンエンジン車にはできない、上質なスポーティさである。以前にリーフをベースにしたテストカーで試した時の、e-4ORCEの鮮烈なハンドリング性能もよく覚えているが、前輪駆動モデルのこの素直さも悪くない。

キーを持ってクルマに近づくと自動的にアンロックされ、室内にはタッチ操作可能な大型ディスプレイが備わる。走り出せば、プロパイロット２・０によってハンズオフ走行が可能だし、ほぼ自動での駐車もできる。車外からのリモート操作も可能だ。そして室内では、ハイブリッド音声認識機能により、自然な言葉で語りかけるだけで様々な操作が可能だし、アマゾン・アレクサの搭載により、自宅の家電のコントロールまで出来てしまう。しかもソフトウエアはリモートでアップグレードできる。

価格はエントリーのＢ６で５３９万円。内容からすれば、十分に納得の行くプライシングである。強いて言うなら、発表から時間が経ち過ぎていて、いささか鮮度が…というところだが、街中を走り出せばまた評価も変わるだろう。

クラリティ

残念ながら終了。次期FCEVこそ頑張れ！…………ホンダ

2021年9月にクラリティ・フューエルセル&PHEVは販売を終えた。狭山工場の閉鎖に伴うものだが、同工場製のオデッセイ、レジェンドが年内は売られるのだから、販売不振も理由なのだろう。

ホンダはFCEVからも撤退するのか。三部社長に直撃したところ、たまたまコロナ禍の影響などで開発に時間を要したことから空白期間が生まれたものの、新しいFCEVが遠からず投入されることになるということだった。まずはひと安心である。

FCEVはそれ自体のコストもさることながら、絶対的な台数が少ないので部品コストも高くつき、量販に繋げにくいのだという。それは分かるが、多くの先進層ユーザーが欲しくなるようなクルマが出れば、数の問題は解決のはずである。私としてはセダンではなくSUVで出してくれれば乗りたいところ。同じように考えている人も居るのでは？

▶クラリティ

●4915m×1875mm×1480mm／2750mm／1850〜1890kg●①燃料電池スタック:固体高分子形, 103kW(140PS), 燃料:圧縮水素, タンク内容積:141L, モーター:交流同期電動機, 130kW(177PS)／4501-9028rpm, 30.6kgm／0-3500rpm②エンジン:1496cc, 直4DOHC, 105PS／5500rpm, 13.7kgm／5000rpm,モーター:交流同期電動機, 135kW(184PS)／5000-6000rpm, 32.1kgm／0-2000rpm, 電池容量:17kWh, EVモード航続距離:101km●固定ギア比●FF●599万〜783.6万円

ＭＩＲＡＩ
運転支援がすごい。使ったら手放せなくなる
トヨタ

　初代トヨタＭＩＲＡＩで不満だったのは、ＦＣＥＶであること以外、あまり先進感が無かったことだ。新型ＭＩＲＡＩはデザイン、走りが進化しただけでなく、そんな思いにも応えてくれた。高度運転支援技術のトヨタ・チームメイトに、高速道路や自動車専用道路の本線上での走行を支援するアドバンスト・ドライブを用意したのだ。

　これは、目的地を設定すると近くのＩＣから退出するまで、速度や車線・車間を維持して走行するだけでなく、分岐、車線変更、追い越しの際にも認知、判断、操作を支援するというもの。また、幅広い速度域でハンズオフでの走行も可能とする。

　機能も充実しているが、嬉しいのは走りの精度の高さで、多くのカメラ、センサーを積み、高精度地図データをも活用するおかげで、状況判断が素早く的確だし、車両の挙動も自然で、とても滑らかなのだ。これなら実際に使おうという気になる。そして一度使ったら手放せなくなる。

　レクサスＬＳにも同等の機能が用意されているが、実はＭＩＲＡＩの方が加減速の制御はスムーズかもしれない。これぞ、電気モーター駆動のメリットだ。

　一方、車線変更や追い越しの支援の際には、必ずステアリングを握り、目視で周囲の安全確認を行なった上でないと支援が始まらないなど、安全、安心は分かるが少し慎重すぎるのでは…という感もある。しかし聞けば、無線通信経由によるアップデートでハンズオフのまま運転支援するよう進化させることは可能なのだという。但し、こうした機能がユーザーに浸透し、システムへの過信が無くなってくれば。

　つまり単にクルマに運転を任せ、委ねていくという話ではなく、ドライバーとクルマが手を取り合って快適性や安全性を拡張していくのが、この機能なのである。まさにチームメイト。この先の進化も楽しみでしかない。ＭＩＲＡＩに乗るなら絶対コレ無しではもったいないというものだ。

▶MIRAI

●4975m×1885mm×1470mm／2920mm／1920〜1990kg●燃料電池スタック:固体高分子形, 128kw(174PS), 燃料:圧縮水素, タンク容量:141L, モーター:交流同期電動機, 134kW(182PS)／6940rpm, 30.6kgm／0-3267rpm, 航続距離:850km●固定ギア比●後輪駆動●710万〜860万円

カテゴリー総評

魅力なければ売れないという当然の現実

［ＢＥＶ・ＦＣＥＶ］

トヨタとスバルの共同開発で生まれたbZ4Xとソルテラは、より間口が広そう。信頼性、耐久性、使い勝手への言及の多さからは、ＢＥＶでもこれまで同様のトヨタ品質を確保するという覚悟が透けて見える。

おそらく車両価格は500万円前後からとなるだろう。グローバルで見れば、アリアも、テスラ・モデル3も射程圏内に見据えているはずだ。

日本市場は想像が難しい。先進性とブランド信奉で年に数百台を売るテスラと同じ土俵ではなく、ＢＥＶが生活にフィットする、しかし範囲としては更に広いユーザーがターゲットだろうが、今でも足りていると は言えない充電インフラは間違いなくネックになる。このあたりの問題が、ますます顕在化する2022年になってきそうである。

ＦＣＥＶではホンダのクラリティ後継車が楽しみだ。今度こそ魅力的なクルマでなければＦＣＥＶの乗用車自体が終わってしまう。ＭＩＲＡＩが振るわないのも気になる。セダン市場が縮小しているのだから早々にＳＵＶを出してほしいと、やはり言わずには居られない。

ＢＥＶもＦＣＥＶも、真剣に環境のことだけ考えて買われているわけではない。新鮮な体験を求めてというユーザーの方がむしろ多いはずだ。そこを捉えていなければ、いくらクルマとして良くても、個々のライフスタイルには響かないのである。

2021年6月に限定車〝リミテッド〟の予約が開始された日産アリア。発表から結局1年近く待たされたことになるが、更にユーザーの手に渡るのは1月以降というから、本当にようやくの導入となる。

日産リーフのデビューから10年以上を経て投入されるＢＥＶ第二弾が、まさにリーフが植え付けたＢＥＶのイメージをどのように引き伸ばすのか、あるいは上書きするのか。日産としても、世間が騒ぐほどＢＥＶの拡販は簡単じゃないと身をもって知っているだけに期するものはあるだろう。オンライン販売など新しい試み含めて、お手並み拝見である。

レヴォーグ ……………… スバル

登場時の衝撃まだ止まず。魅力はさらに増えた

昨年版で、新しいスバルがここから始まったと書いたが、この1年の間に長距離ドライブや雪道でのテストを何度も行なって、やはりそれは間違いではなかったなと実感している。本当によく出来ていて、長く付き合いたくなるレヴォーグである。

何より感心させられるのがフットワークの完成度の高さだ。ＳＧＰ（スバル・グローバル・プラットフォーム）が外板を構造部材としないフルインナーフレーム構造や、構造用接着剤の広範な使用などによる高いボディ剛性を得て、ようやく実力を発揮したようで、とにかく走りの質が高い。ストロークを伸ばしたサスペンションが、このボディを土台に滑らかに動いて、大きな入力も難なくいなしてくれる。

荒れた路面では少しフロントが弱いかな？　と思うこともあるのだが、いやいや、満足度は高い。スッキリとした操舵感、上々のライントレース性も相まって、普段の何気ない瞬間が心地よいクルマに仕上がっているのだ。

パワートレインもいい出来映えである。新開発の１・８Ｌ直噴ターボエンジンは、リーン燃焼技術によって最大熱効率40％を実現したと謳うもので、スペックは最高出力１７７PS、最大トルク30・６kgmとなる。トランスミッションはＣＶＴだが、パーツの８割が新設計されたというもので、当然ながらフルタイムＡＷＤと組み合わされる。

このエンジン、低回転域からトルクがフラットで、おかげでＣＶＴとの組み合わせも良好。旧型などは発進の時、どうしても半呼吸くらい置くというか、フリクションが多いというか、そんな感覚に見舞われてものだが、新型はスッと走り出してくれる。実はこれはパワートレインだけでなく、ボディ剛性、サスペンションのスムーズな動き出しといった部分の相乗効果。全域でアクセルワークに忠実に反応してくれて、とても走らせやすい。

正直、燃費は思ったほどではない、というかハッ

キリ言って良くない。それでもレヴォーグの機動力の高さは、春夏秋冬季節を問わずロングドライブに誘うものと言える。たとえば冬。シンメトリカルAWDの走破性の高さはやはりさすがの一言で、険しい雪道も行けるだけで無く安心して行けるのが良い。

そして季節を問わず威力を発揮するのがアイサイトXだ。3D高精度地図データ、準天頂衛星「みちびき」による高精度GPS情報の活用により、渋滞時ハンズオフアシスト、車線変更アシスト、カーブ前や料金所での減速制御といった機能を実現したコレ、こうした機能の豊富さもさることながら、レーントレースの正確さ、加減速の滑らかさが秀でていて、本当に安心して使うことができるのだ。

デジタルコクピットに表示される情報の質、量、レイアウトもよく練られていて、欲しい情報がちゃんと瞬時に手に入る。11・6インチ縦型のセンターインフォメーションディスプレイ含めて、見た目の先進感だけでなく、しっかり機能、人間中心の使い勝手が追求されているところは好感度大である。

そんなレヴォーグに新たに追加されたのがSTIスポーツRだ。最高出力275PS、最大トルク38・2kgmを発生する2・4Lターボエンジン、DCT並みの変速スピードを可能にしたという新しいCVT〝スバルパフォーマンストランスミッション〟、よく曲がる制御を採り入れた4WDシステムのスポーツモード付きVTDなど、走りに関する部分はWRX S4とほぼ同等。先代の2・0Lターボに乗っていた人、あるいはレガシィ・ツーリングワゴンからのユーザーにとっては待望の1台に違いない。

まだテストコースで試しただけだが、走りっぷりは文句なしの動力性能と快適性の両立ぶりが好印象。セダンボディのWRX S4よりも相対的にボディ剛性が低く、タイヤも穏やかな設定だからか挙動は限界域までマイルドで、実はWRX S4より間口の広い乗り味を実現していた。

そうそう、同時にようやくサンルーフも設定された。選択肢が増えて、ますます好調ぶりに拍車がかかりそうなレヴォーグである。

▶レヴォーグ

●4775mm×1795mm×1500mm／2670mm／1550〜1630kg●①1795cc，水平対向4DOHCターボ，177PS／5200-5600rpm，30.6kgm／1600-3600rpm②2387cc，水平対向4DOHCターボ，275PS／5600rpm，38.2kgm／2000-4800rpm●CVT●4WD●310.2万〜409.2万円

アコード ……… ホンダ

間違いないクルマだが、アピール力が今イチ

クーペ風ファストバックフォルムに変身したというだけでなく、実は車体構造から完全に刷新されている現行アコード。軽量化し、重心を下げ、着座姿勢を適正化し、ハイブリッドバッテリーの位置を適正化して荷室を広げるといった具合に、今まで増築、改築で何とか凌いできたものの、それでは手が入らなかった部分を抜本的に見直しているのだ。

　結果、走りの質はホンダ車ベストと言っていいほど高い。２モーターハイブリッドは普段はほぼ電気モーターで走るから静かで滑らかだし、乗り心地も静粛性も上々。選んで間違いないクルマと言える。

　しかしながら選ばせるアピール力は今ひとつ。実は２０２１年密かにボディ色、マークの変更が行なわれたのだが、同時に室内色からアイボリーが落ちて黒だけになった。ＳＵＶが主流の中、敢えて選ぶのがセダン。華やかさは失ってほしくなかったな。

▶アコード

●4900mm×1860mm×1450mm／2830mm／1560kg●1993cc, 直4DOHC, 145PS／6200rpm, 17.8kgm／3500rpm, モーター:交流同期電動機, 135kW（184PS）／5000-6000rpm, 32.1kgm／0-2000rpm●CVT●FF●465万円

カムリ……クラウンの身の振り方次第で立ち位置変わるか……トヨタ

2021年2月に一部改良を受けたカムリは、フロントマスクを中心にデザインが変更されて、よりアグレッシヴな表情となった。スポーティなWSはいいとして、G、Xといったグレードはもう少し穏やかな雰囲気の方がいいと思うが、メイン市場である北米だってセダンは退潮気味だと考えれば、彼らの好みに更に一歩寄り添うという方向も理解できる。

これだけパッケージングに優れ、特に後席の快適性の非常に高いセダンがあるならば、いっそクラウンの名をつけてもいいくらいだと言ったり書いたりしてきたが、いざ本当に次期クラウンがFF化され、プロポーションなども大きく変えてきそうと聞くと、ちょっとソワソワしてきてしまう。その時にこのカムリとの棲み分けは、どんな風になっているのだろうか。あるいはカムリだって決して安泰ではないのかもしれない。

▶カムリ

●4885(4910)m×1840mm×1445(1455)mm/2825mm/1550〜1680kg●2487cc, 直4DOHC, 178PS/5700rpm, 22.5kgm/3600-5200rpm, フロントモーター:交流同期電動機, 88kW(120PS), 20.6kgm(リアモーター:交流誘導電動機, 5.3kW(7.2PS), 5.6kgm)●CVT●FF/4WD●348.5万〜467.2万円

レガシィ・アウトバック……………スバル

憧れ抱かせる。これが似合う人になりたい

実は密かにレガシィ・アウトバックというクルマには憧れに似た気持ちを抱き続けている。こういうクルマと暮らしたいなというか、こういうクルマが似合う毎日を送っている人は素敵だなと仰ぎ見ている。そんな感じである。

かつてのレガシィ・ツーリングワゴンと違って、アウトバックは飛ばしている姿が似合わない、良い意味で。週末には、あくせくすることなくゆったりとクルージング。ラゲッジスペースには磨き込まれたアウトドア用ギアを積んで…なんてベタもいいところなのだが、そういう想像を掻き立てるクルマ、日本車では他にはなかなか無い。

そんなアウトバックの新型は、1995年に登場したレガシィ・グランドワゴンから数えて6代目、アウトバックとしては国内では3代目となる。アメリカに較べればケタひとつ違う数かもしれないが、日本でもこういうクルマを使いこなしている人が一定数居るというのは、それだけで嬉しくなる。

実は今回、試乗は間に合わず実車を見分しただけなのだが、そんなアウトバックなので敢えてしっかり紹介しておきたい。まずそのスタイリングは、いわゆるキープコンセプト。全周、下回りをクラッディングパネルで覆い、ルーフレールを備えた姿はアースカラーのボディ色が特によく似合う。

グレードはリミテッドＥＸと、ＸブレイクＥＸの2種類で、前者が上質な仕立てなのに対して、後者はアウトドアテイストが強められている。実は両車、ルーフレールの仕様が違っていて、リミテッドＥＸではクロスバーが折り畳み式に、ＸブレイクＥＸではラダータイプにと分けられていたりもする。

インテリアのクオリティも満足行くものだ。新たに採用された12・3インチフル液晶メーターとタッチスクリーン式の11・6インチセンターインフォメーションディスプレイは、すでにレヴォーグでお馴染み。

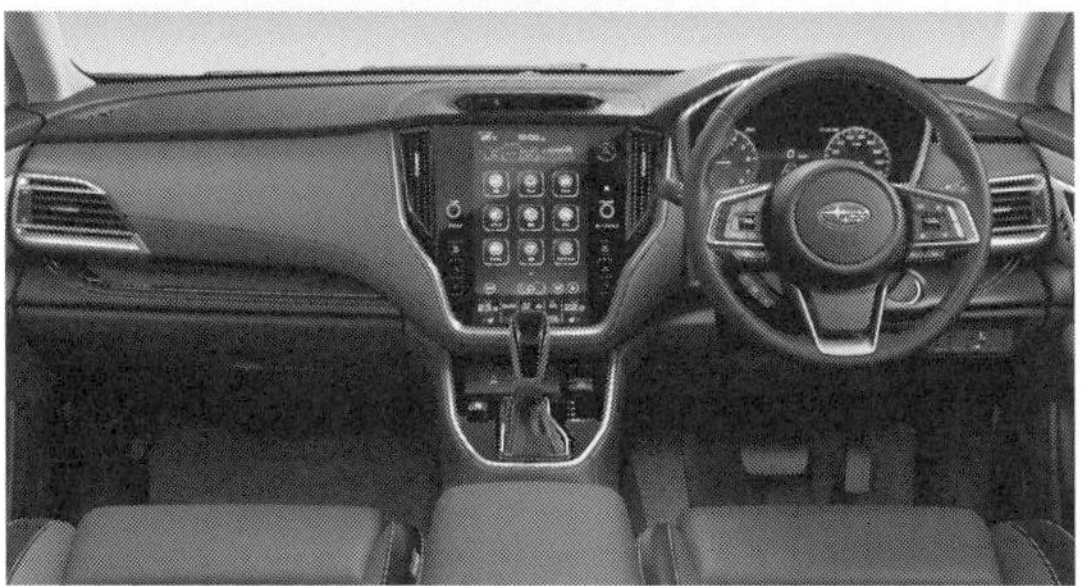

▶レガシィ・アウトバック

●4870mm×1875mm×1675(1670)mm／2745mm／1680～1710kg●①1795cc, 水平対向4DOHCターボ, 177PS／5200-5600rpm, 30.6kgm／1600-3600rpm●CVT●4WD●414.7万～429万円

シートはリミテッドEXがファブリックシートを標準とし、ナッパレザーのオプションを用意するのに対して、XブレイクEXは撥水性ポリウレタン表皮を採用している。特にタンにオレンジステッチの本革シートは雰囲気がいいし、でも使い勝手を考えたら撥水性も捨てがたい。内外装含めて、どちらも魅力的で本当に悩ましい。

車体にお馴染みSGP（スバル・グローバル・プラットフォーム）、そしてフルインナーフレーム構造を採用する。要はレヴォーグと同じ最新世代のボディである。

パワーユニットは、これもレヴォーグと同じ1・8L直噴ターボエンジンをCVTとの組み合わせで搭載する。北米仕様は2・4Lターボなので、てっきりそれになるかと期待していたのだが、十分な動力性能と燃費、そしてレギュラーガソリン仕様ということから、日本仕様はこちらになったそうだ。

冒頭に書いたようなアウトバックのキャラクターからしてハイパワーはマストではないと考えたのだとすれば納得できなくはない。ちなみに燃費は13・0㎞／L。まあ、これでも決して良くはないので、真っ当な選択だったと言っていいだろう。

路面状況に応じて駆動力やブレーキを自動で制御するX－MODEや、ヒルディセントコントロールも備わるが、基本性能としてシンメトリカルAWD、そして213㎜という余裕の最低地上高も、走破性に貢献しているのは間違いない。

一方、普段使いで重宝するのがアイサイトXだ。渋滞時ハンズオフアシストなど、その機能はレヴォーグに準じる。あるいはレヴォーグ以上に、クルマの使われ方に合ったアイテムと言えるかもしれない。

実はこの新型レガシィ・アウトバック、純正アクセサリーも充実していて、これらを眺めているだけでもまた想像が膨らんでしまう。XブレイクEXに、正式にコラボレーションしているTHULEのルーフテントという仕様を見たら、またまたグラッと来てしまった。とにかく大人の遊びゴコロをくすぐる1台である。

ES……レクサス
丹念にネガを解消。だがもう少し快活さ欲しい

約1年前にバッテリーをリチウムイオン型に変更するなどの変更を受けたばかりESが、早いタイミングでマイナーチェンジを行なった。考えてみれば日本初導入から、もう3年になるのである。

外観はフロントグリルやヘッドライトなどが変更された程度だが、F SPORTにはオレンジ色のブレーキキャリパーが用意されるなど、スポーティ風味がプラスされている。インテリアには大型タッチディスプレイを採用。容易に手が届くように画面が手前側に移されている。デジタルアウターミラーも、画質向上などの改良を受けた。

見た目にはこのぐらいだが、実は新しいESは走りに手が入っている。リアサスペンションメンバーブレースを従来の1枚板から2枚の板を合わせた構造にして剛性を高めたのが一番のポイント。他にも電子制御ブレーキシステムは制御の改良に加えてペダルパッドの形状変更、ペダル取り付けブッシュの改良などでフィーリングを向上させている。

試乗したのはF SPORT。こちらは更に電子制御ダンパーのAVSが最新のリニアソレノイド式とされている。実際、ESらしい穏やかな乗り味は変わらないながら、ステアリングの操舵感がスッキリとして軽やかに曲がる感じが強まっているのは、すぐに実感できた。但し、乗り心地は低速域だとタイヤの重さを感じさせるのがマイナスである。

ハイブリッドシステムに変更はないが、十分な力感と、特に高速域での静けさはプレミアムカーの心臓として上々だ。シャシー含めて、乗り味は速度が上がった方がすべてがまとまるという印象だ。

レクサスらしい静粛性と乗り心地の改善という目的は達成されているが、インテリアの仕立てなども含めて、そもそものラグジュアリーカー像が、ちょっと古めかしくなっている感も無くはないというのが正直な印象である。今どきのセダンは、もう少し快活な感じでもいいのではないだろうか。

▶ES

●4975mm×1865mm×1445mm／2870mm／1670〜1720kg●2487cc，直4DOHC，178PS／5700rpm，22.5kgm／3600-5200rpm，モーター：交流同期電動機，88kW（120PS），20.6kgm●CVT●FF●599万〜715万円

ＩＳ……………レクサス

直球ド真ん中を行く魅力。Ｖ８版導入に期待

登場７年を経て敢えてマイナーチェンジで登場した新型レクサスＩＳ、市場に開発陣の想像以上に好意的に受け止められたようだ。もっとも、ＦＲスポーツセダンの直球ド真ん中を行くそのスタイリングを見れば、それも納得である。引き締まったフォルム、19インチ大径タイヤ＆ホイールを収めるワイドなフェンダー、エッジの立った各部の造形など、そのデザインはこの1～2年に出たクルマの中で、もっとも印象に残るものだと言っていい。

走らせても、また気持ちの良いクルマである。新たに19インチタイヤを採用し、それに合わせてボディ剛性を強化。その分、アルミ製サスペンションアームの採用などでバネ下重量を減らし、更にタイヤ＆ホイールの締結を欧州車では当たり前のハブボルト式にするなどして磨き上げられた走りは、刹那的な刺激性を追い求めたのではなく、あくまで自分の意のままに走ることができる、大人っぽい味わい。ＦＲということでグイグイ曲がるのを期待すると、最初は退屈に思う人も居るかもしれないが、走り込むほどにその真価、伝わるはずである。

２・０Ｌターボエンジンを積むＩＳ３００、ハイブリッドのＩＳ３００ｈ、そしてＶ型６気筒３・５Ｌ自然吸気エンジンを積むＩＳ３５０というパワーユニットに変更は無いが、制御は煮詰められていてシャシーと同じくドライバーの意に沿う力感とレスポンスを手に入れている。特にＩＳ３５０には惹かれてしまうが、実は北米向けにはかつてＩＳ Ｆに積まれていたＶ型８気筒５・０Ｌエンジンを積んだＩＳ５００も追加されている。日本にも導入してほしいが、これは私も欲しくなってしまいそうだ。

結果を見れば、マイナーチェンジだなんだというのはまったくどうでもいいと分かる。新型ＩＳは紛れもなく魅力的なＦＲスポーツセダンに仕上がっている。しかも価格は従来からほぼ据え置きなのだから、これならむしろマイナーチェンジ万歳である。

●IS

●4710mm×1840mm×1435(1440)mm/2800mm/1640〜1780kg●①2493cc, 直4DOHC, 178PS/6000rpm, 22.5kgm/4200-4800rpm, モーター:交流同期電動機, 105kW(143PS), 30.6kgm②3456cc, V6DOHC, 318PS/6600rpm, 38.7kgm/4800rpm③1998cc, 直4DOHC ターボ, 245PS/5200-5800rpm, 35.7kgm/1650-4400rpm●8AT/CVT●FR/4WD●480万〜650万円

スカイライン

スポーツ性か先進性か。選択は悩ましい……日産

スカイラインのグレード選びは難しい。スポーツセダンとして見た時には、やはり400Rということになるだろう。最高出力405PSを発生するV型6気筒3・0Lターボエンジンは、非常にタイトなレスポンスを示し、それでいて吹け上がりもシャープ。小径ターボチャージャーを、回転数センサーによってギリギリまで使うことで、スポーツ心臓としての素晴らしい特性を獲得しているのである。

あるいは先進性が大事ならば、高速域のハンズオフドライブや、車線変更支援などを行なうプロパイロット2・0を備えたハイブリッドになるだろう。長距離移動が多い人にとっては、ちょっとした移動の革命となるはず。しかも、その土台にはちゃんと走りの歓びがあるのだ。

そんなスカイラインも登場8年。そろそろ次の展開を見たいが、何かプランはあるのだろうか？

▶スカイライン

●4810mm×1820mm×1440(1450)mm／2850mm／1700〜1910kg●①3498cc, V6DOHC, 306PS／6800rpm, 35.7kgm／5000rpm, モーター:交流同期電動機, 50kW(68PS), 29.6kgm②2997cc, V6DOHCターボ, 405(304)PS／6400rpm, 48.4(40.8)kgm／1600-5200rpm●7AT●FR／4WD●435.4万〜644.5万円

クラウン……………トヨタ

次期型は大変身？　変身はぜひユーザー本位で！

全幅を１８００㎜に抑えながら大人４人が寛げる室内空間を有し、しかも荷室にはゴルフバッグ４セットが入るＦＲのセダン。そんな伝統に加えて走りの良さを磨き上げて登場した今のクラウンだが、今のユーザーが求めているのは決してそこではないし、内装の細部の作り込みの甘さ、素材の安っぽさなどで従来のユーザーからも認めてもらえず、何とも宙ぶらりんな存在になってしまった感は強い。

本当にクラウンに必要なのは、その時々のユーザーと真摯に向き合い、もてなす気持ちであり、それが具現化されたハードウェアだったということではないか。ＳＵＶになるのか何になるのか分からないが、次のクラウンが大胆に変身してくるのは間違いないという。しかし変身が目的になってはいけない。ちゃんと今の潜在的ユーザー層のことを考え、その半歩先を行くようなクルマを期待したい。

▶クラウン

●4910mm×1800mm×1455（1465）mm／2920mm／1720～1900kg●①3456cc, V6DOHC, 299PS／6600rpm, 36.3kgm／5100rpm, モーター:交流同期電動機, 132kW（180PS）, 30.6kgm ②2487cc, 直4DOHC, 184PS／6000rpm, 22.5kgm／3800-5400rpm, モーター:交流同期電動機, 105kW（143PS）, 30.6kgm③1998cc, 直4DOHCターボ, 245PS／5200-5800rpm, 35.7kgm／1650-4400rpm●8AT／CVT●FR／4WD●489.9万～739.3万円

LS　レクサス

LSがあるべき水準にようやく達した

2020年秋に大幅改良を受けたLSが、更に進化を果たした。高度運転支援技術の新機能「アドバンスト・ドライブ」搭載車を設定したのだ。

これは高速道路本線上での走行を支援するもので、ナビゲーションで設定した目的地に向けて車線・車間維持、分岐、車線変更、追い越しなどを行ないながら最寄りのICを降りるまで運転を支援する。また、広い速度域でのハンズオフも可能にするという。実はトヨタMIRAIに積まれたのと一緒である。

こちらも同様に、非常に精度の高い運転支援を行なってくれるのだが、それにはLS自体の走りの進化も貢献しているのは間違いない。サスペンションやタイヤなどに広範に手を入れた最新のLSは、しっかり直進し、そしてリニアに曲がってくれる。走りの素性が優れていれば、自分で運転する時には気持ち良いし、運転支援も制御がラクになるわけだ。

パワートレインも走りのクオリティ向上にひと役買っている。LS500の3・5Lターボエンジンは快音を聞かせるようになり、ハイブリッドのLS500hはエンジン回転数の高まりを抑えた、電動車らしい静粛で滑らかな走行が可能である。

ようやくではあるが、LSに求める快適性、静粛性が揃った。その上で先進の運転支援技術まで積まれたわけで、ようやくLSはあるべき姿になったかなという感じだ。さすがに遅すぎた感はあるが…。

機能、性能は文句無いものになったが、強いて言えば艶めき、色気みたいなものは濃くはない。思えば先代LS600hは、ハイブリッドを環境性能以上にエモーショナルな走行感覚に使うという意味で世界に先んじたクルマだった。そういう遊び心こそプレミアムカーには重要なはずなのだが、LSの開発陣は真面目過ぎるのだろうか。いや、そんなことはないはずなので、この手のクルマのユーザーが求める〝なにか新しいトキメキ感〟、LSにはまだまだ追求して行ってほしいと思う。

▶LS

●5235mm×1900mm×1450(1460)mm/3125mm/2140〜2380kg●①3456cc, V6DOHC, 299PS/6600rpm, 36.3kgm/5100rpm, モーター:交流同期電動機, 132kW(180PS), 30.6kgm②3444cc, V6DOHCターボ, 422PS/6000rpm, 61.2kgm/1600-4800rpm●10AT/CVT●FR/4WD●1071万〜1731万円

カテゴリー総評

もはや「セダンはクルマの基本」ではない

［セダン・ワゴン2］

クルマの基本はセダンだと、自動車メーカーの人から聞くことは多い。しかし、今やセダンをクルマの基本形と呼ぶことには無理がある。むしろセダンは、SUVが持つ広さや見晴らしの良さといったものを、走りの心地よさやフォーマル感〝だけのために〟犠牲にした存在なのだから。

それ故にセダンには、まさにSUVでは味わえない、重心低く一体感の強い走りっぷりを味わわせてほしいし、デザインだって色気や艶めきを感じたい。その点で行くと、やはりレクサスISは突出している。敢えてセダンを選ぶ、セダンに乗るということを、余計な説明などしなくても周囲に、そして自分に、納得させる存在感は圧倒的だ。

気になるのは次のクラウンである。不振なのは単なるボディタイプのせいではなく、同じようにSUVを作ったって、それこそハリアーを超えられるとは思えない。クラウンの本質とは何だったか。再確認してくれればと願うばかりである。

その意味で言えばレクサスLSは、2020年の改良で本来あるべきポジションをしっかり認識し直したと言えるだろう。今のLSはプレミアムカーとして悪くない。実は2021年秋には更に、アドバンスト・ドライブの改良、そしてランフラットではないノーマルタイヤへの変更が行なわれている。こちらは試乗が間に合わなかったが、今のLSなら外すことはないと思っている。

ワゴンについて語ると、自動的にスバルの話になってしまうわけだが、レヴォーグもレガシィ・アウトバックも、自らの確立されたスタイルを持った良いクルマである。選んで間違いのない存在だと言いたいが、本文でも書いたように燃費の悪さは大きな問題だ。どちらも、遠くまで出掛けたくなるような仕上がりのクルマなだけに、気分良く出掛けさせてくれると嬉しい。

2022年に向けては、まずは早くアウトバックを試してみたいと、うずうずしている。そして、IS500の導入に期待しているところだ。

軽自動車概論

「軽」もまた激動期を迎えつつある

スズキがワゴンRスマイルで首位奪還

2021年10月の軽自動車の新車販売台数ランキングでワゴンRが首位となった。半導体不足、パーツ供給問題でライバルたちが失速したのも事実ながら、決して単なる漁夫の利というわけでもない。9月にラインナップに新たにワゴンRスマイルが追加され、コレが販売台数を押し上げたのだ。

かつての軽自動車の雄、ワゴンRは近年、元気の無い状況が続いてきた。その一番の要因と言われているのが、リアドアがスライドドアではないこと。リアをスライドドアにすると開口部が狭くなるため、背丈が無いと本来、厳しいのである。

実はライバルのダイハツ・ムーヴも同じような状況にあったが、2016年にスライドドアと愛らしさを前面に出したルックスを採用したムーヴキャンバスを追加すると、これが見事に当たる。ワゴンRスマイルは遅まきながら、その再現を狙ったわけだ。

角張ったワゴンRから一転、丸みが強調されたそのボディは全高が45㎜高い1695㎜に拡大され、フロントウインドウはより前方に角度を立てたかたちで置かれている。おかげで見た目はワゴンRというより、屋根を切り詰めたスペーシアという感じだ。

実際、着座位置も高く、運転感覚もよく似ている。一方、後席はおそらくワゴンRと変わっておらず、やや低いところに座っているような囲まれ感が無くはない。それでも期せずして停めた狭い駐車場では、やはりスライドドアはラクだなと思わせたから、ニーズは満たしているのだろう。

街乗りに特化したコンセプトのためターボエンジンは用意されないし、乗り味もソフトで高速道路向きではない。このあたり徹底していて、ユーザーをよく見ているなと感じた。

それにしても、デザインはあくまで好みの問題だと承知してはいるのだが、この大きな異型丸形ライトを使った顔つきは、やっぱりスマイルなんだろう

▶ワゴン R スマイル

●3395mm×1475mm×1695mm／2460mm／870〜920kg●①657cc，直3DOHC，49PS／6500rpm，5.9kgm／5000rpm，モーター:直流同期電動機，1.3kw（2.6PS）／1500rpm，4.1kgm／100rpm②657cc，直3DOHC，49PS／6500rpm，5.9kgm／5000rpm●CVT●FF／4WD●129.7万〜171.6万円

▶タント

●3700（3705）mm×1670mm×1735mm／2490mm／1080〜1140kg●①996cc，直3DOHCターボ，98PS／6000rpm，14.3kgm／2400-4000rpm②996cc，直3DOHC，69PS／6000rpm，9.4kgm／4400rpm●CVT●FF／4WD●155.7万〜209万円

か？　私は正直、ちょっとコワいのだけれども…。

意欲的なタント の改良。だが時期が悪い

ダイハツ・タントが2021年9月に改良を受けた。内外装については、ボディカラーの追加くらいだが、運転支援装備の充実が図られた。

新たに設定されたのは電動パーキングブレーキ（EPB）、オートブレーキホールド機能、ブレーキ制御により旋回性を高めるコーナリングトレースアシストといったアイテム。グレードにより標準装備、もしくはオプション設定となる。

EPBの採用でACCが全車速追従機能付きとなったのは大きい。早速試してみようと思ったのだが、訊くと何と昨今の半導体不足の影響で、試乗車が用意できていないとのことだった。実際、ユーザーのもとへの納車も遅れているようだ。まったく、それならなぜ9月に一部改良を発表したのか。ともあれ、状況が早く好転することを願うばかりだ。

日産・三菱の「軽」BEVに勝算あるか

2022年以降の軽自動車で何より気になるのが電動化である。ホンダはHEVやBEVを検討中。ダイハツはロッキーで使ったシリーズHEVを投入してきそうだが、すでに明らかにされているように日産と三菱はBEVを投入する予定である。

発表されたスペックを見ると、全高は1655～1670㎜と、ほぼデイズ／eKワゴン並み。リチウムイオンバッテリーの容量は20kWhだから、航続距離は200㎞前後になるだろうか。価格は補助金次第だが、実質約200万円ほどになるという。

おそらく一番ぴったりハマるのは地方の特に山間部などの一軒家で暮らすユーザーである。近年はガソリンスタンドの閉鎖が続き、給油のために遠出が必要という話も聞く。衣食住などあらゆる面でクルマが必需品の方々にとっては、大きな問題である。

BEVなら自宅で充電すればいいし、こうしたユーザーのアシとして考えれば航続距離だって十分なはず。価格も昨今の軽自動車の水準からすれば、まずまず納得できそうなところと言える。

課題は、このクルマがぴったりくるハズのユーザ

▶IMk

●3995mm×1475mm×1670mm／2460mm／930kg●モーター:64PS／16.3kgm, 電池容量:20kWh, 航続距離:200km●固定ギア比●FF●--万円
※写真・スペックともに2019東京モーターショーで発表のもの

▶C+pod

●2490mm×1290mm×1550mm／1780mm／670〜690kg●モーター:交流同期電動機, 9.2kW(12.5PS), 5.7kgm,電池容量:9.06kWh, 航続距離:54km●固定ギア比●RR●165万〜171.6円
※2021年11月現在は数量限定販売期間。2022年頃の一般販売を予定。

ー候補の方々に、いかに手を伸ばしてもらうかだ。理屈で良くても売れるわけではない。思うに2019年の東京モーターショーで発表したコンセプトカー「IMk」は、ちょっとカッコ良過ぎる。いい意味で、もっと親しみやすい存在感に期待したい。

トヨタの超小型BEV、C+pod

最後に、トヨタの超小型BEVであるC+pod(シーポッド)に触れておきたい。これも登録上は軽自動車なのである。

歳を取って「もう免許証は返納かな」と思いつつも、それでは日常生活が非常に不便になる。そんな人のためのモビリティとして開発されたC+podは、全長2490㎜、全幅1290㎜と、まさに超小型。それでも並列2座に少しの荷物も積める室内空間を確保している。内外装に面白みは無いが、インフラみたいなものだと考えれば、ヘンにデザインされたものより、よほど街馴染みはいいだろう。

最高速度は60㎞/hで、一充電走行距離は150㎞。これも目的を考えれば十分。また快適温熱シートに加えてクーラーが付くのも嬉しい。以前、実証実験で使われた〝Ha:mo〟や〝i-ROAD〟はエアコンが無く夏場は乗っていられなかったのだ。

試してみると、機動性が高く、どこにも気兼ねなく乗っていける感じがとてもよかった。運転に不安を覚えだしている先輩方にとってはコレ、相当嬉しいに違いない。但し、速くはない動力性能と、後続車をすぐ背後に感じるサイズ感に、幹線道路では却って気疲れしてしまったのも、また事実である。

また低速で軽過ぎ、切っていくとグッと重くなるステアリングなど扱いやすさも一考の余地がある。こうしたクルマも他のトヨタ車と同じように、匠がしっかり乗り味の横串を通した方がいいと思う。

電動化の波は軽自動車にも容赦なく降り掛かってきている。一方、高齢化、地方の生活インフラなどの問題を見ると軽自動車の役割は、今後更に拡大していきそうである。今後も軽自動車、単に広いだ狭いだ走りがどうだというだけでなく、そういう視点をより強めて見ていかなければと思った次第だ。

シエンタ …… トヨタ

遊び心ありワクワクさせる。一貫して推す

私が一貫してシエンタを推しているのは、結局のところその遊び心を買っているからだ。内外装のデザインは独創的で、存在感たっぷり。基本的に3列シート、もしくはファンベースなら広大な荷室を有するということは、つまりいずれにしても楽しいシチュエーションで乗ることが多いクルマだろう。しかめっつらしているより、気分が弾むというものだ。

しかも、それは機能にしっかり裏付けされている。走りっぷりは軽快で悪くないし、3列目を緊急用と割り切ったパッケージングだって、ハマる人にはぴったりと来るはず。不満と言えばハイブリッドでは4WDを選べないことくらいである。

機能が優先なら、もっと広いミニバンもあるだろう。けれどシエンタには、意味もなくワクワクして遠回りして走って帰りたくなる魅力が備わっていることはやはり否めないのだ。

▶シエンタ

●4260mm×1695mm×1675(1695)mm/2750mm/1320〜1380kg●①1496cc、直4DOHC、74PS/4800rpm、11.3kgm/3600-4400rpm、モーター:交流同期電動機、45kW(61PS)、17.2kgm②1496cc、直4DOHC、103(109)PS/6000rpm、13.5(13.9)kgm/4400rpm●CVT●FF/4WD●181.9万〜258万円

フリード……ホンダ

今やホンダの稼ぎ頭。その人気にも納得

2021年6月に初代からの累計販売数が100万台を突破したというだけに、フリードは今やホンダの稼ぎ頭と言っても過言ではない。フィットが不振ということもあるが、販売台数上位10台に入ってくるホンダ車、今やこのフリードくらいなのである。

サイズと7人乗りという部分ではトヨタ・シエンタがライバルとなるのだが、両車は実際のところ結構個性が違っている。フリードの魅力は、7人分すべての席の広さと開放感だ。

低く抑えられたダッシュボードと大きなフロントウインドウのおかげで視界は開けているし、切り立ったサイドウインドウのおかげで後席も閉塞感など皆無。2列目もさることながら3列目だって応急用ではなく日常的にも使えるくらいの余裕がある。

その3列目シートは使わない時は左右に跳ね上げて収納することで大きな荷室を生み出すことができる。ステップワゴンでは3列目の床下収納を採用するホンダがここに跳ね上げ式を使うのは、センタータンクレイアウトならではの低床を活かすためだ。

実際に開口部地上高は480㎜と低く、荷室の高さは1255㎜もある。片側を跳ね上げるだけでベビーカーを立てて積めるとなれば、子育て層にとっては嬉しいだろう。しかも2列シートのフリード＋ならば、開口部地上高は335㎜と更に低くなり、2列目は座面を起こしてから背もたれを前倒しするダブルフォールダウンとなるから、荷室を上下に分割するユーティリティボードを使えば、サイズから想像する以上の広大な、そしてフラットな空間を生み出せるのである。

すっきりとしていてイヤミの無いデザインに、そこそこ燃費も悪くないパワートレイン、そしてこのスペースユーティリティとくれば、支持されるのも納得。押し付けがましくなくスマートな、実は世の中が期待しているホンダらしさが詰まった1台だとも言えるのではないかと思う。

▶フリード

●4265（4295）mm×1695mm×1710（1735）mm／2740mm／1340〜1510kg●①1496cc，直4DOHC，110PS／6000rpm，13.7kgm／5000rpm，モーター：交流同期電動機，22kW（29.5PS）／1313-2000rpm，16.3kgm／0-1313rpm ②1496cc，直4DOHC，129PS／6600rpm，15.6kgm／4600rpm●7AT／CVT●FF／4WD●199.8万〜304万円

セレナ
先進性だけでなく快適性◎。廉価版もいい　日産

プロパイロットをはじめとする運転支援装備の充実、e-POWERによる力強くスムーズな走りっぷりなど、他では得られない魅力を多く備えたセレナ。しかしながらミニバンとしての基本性能、すなわち快適性の部分も見逃すことはできない。

広いだけでなく視界の良さも抜群の室内空間は、前後ロングスライドだけでなく左右スライドも可能な2列目シート、狭いところで重宝する上半分だけ開閉できるハーフバックドアなどによって使い勝手も上々である。ミニバンに必要なのは奇をてらった機能ではなく、こうした気遣いみたいなものなのだ。

当然これは廉価なグレードでも変わらない魅力。ミニバンラインナップが手薄な日産は、実は他社の下のクラスまで、このセレナでカバーしている。ついe-POWERやプロパイロットに目が行ってしまうが、人気の理由はそれだけではないのである。

▶セレナ

●4685(4770)mm×1695(1740)mm×1865(1875)mm／2860mm／1650〜1790kg●①1997cc, 直4DOHC, 150PS／6000rpm, 20.4kgm／4400rpm, モーター:交流同期電動機, 1.9kW(2.6PS), 4.9kgm②1198cc, 直3DOHC, 84PS／6000rpm, 10.5kgm／3200rpm-5200rpm, モーター:交流同期電動機, 100kW(136PS), 32.6kgm●CVT●FF／4WD●257.6万〜380.9万円

ステップワゴン ……… ホンダ

遂に新型登場。起死回生の1台を期待

ホンダ狭山工場が2021年で閉鎖となると発表され、ここで生産されているオデッセイ、レジェンド、クラリティの生産終了が発表されたが、実はステップワゴンもここ狭山で生産されてきた。なのに終了のアナウンスが無いのは、寄居工場にて生産される次のモデルが用意されるから。近年は人気が盛り上がらないとは言え、月3000台前後は売っているモデルだけに起死回生、狙っているのだろう。

あまり人をわくわくさせなかった、横開きのサブドアを内蔵させたバックドア、わくわくゲートを持たない仕様が追加されたり、アウトドア派に嬉しい撥水&撥油シート表皮が採用されたりと、近年のアウトドア志向のユーザーを見た改良も行なわれてきただけに、次期型はコンセプト、しっかり煮詰めているに違いない。おそらくノア／ヴォクシーなども新型が出てきそうだから市場が盛り上がりそうだ。

▶ステップワゴン

●4760(4690)mm×1695mm×1840(1855)mm／2890mm／1660〜1820kg●①1993cc, 直4DOHC, 145PS／6200rpm, 17.8kgm／4000rpm,モーター:交流同期電動機, 135kW(184PS)／5000-6000rpm, 32.1kgm／0-2000rpm②1496cc, 直4DOHCターボ, 150PS／5500rpm, 20.7kgm／1600-5000rpm●CVT●FF／4WD●271.5万〜364.1万円

ミニバン

ノア／ヴォクシー ……… トヨタ

こちらも遂に新型に。進化・変化が楽しみ

何だか毎年、次期型に期待と書き続けている気がするが、遂に新型、登場しそうだ。すでにエスクァイアは販売が終了。ノアとヴォクシー、どちらが残るのか両方とも存続するのかは分からないが、いずれにせよ２０２２年１月には新型が登場する。

もっとも、ミニバン市場は低迷しているだけに、キープコンセプトでは一定数は見込めても爆発的に売れることはないだろう。あるいはミニバンとしてという以上の市場の広がりを見せているアルファードに倣って、よりスペシャルティなイメージを強調してくるのもアリだと思う。まあ、そうなればその役割はヴォクシーに託して、子育て層などに向けておとなしいノアを残した方がいいかもしれない。

いずれにせよ新型ノア＆ヴォクシーが今後のミニバン市場を占う上で重要な存在となるのは間違いない。その進化、変化が楽しみだ。

▶ヴォクシー

●4710mm×1735mm×1825（1870）mm／2850mm／1600～1680kg●①1797cc, 直4DOHC, 99PS／5200rpm, 14.5kgm／4000rpm, モーター:交流同期電動機, 60kW（82PS）, 21.1kgm②1986cc, 直4DOHC, 152PS／6100rpm, 19.7kgm／3800rpm●CVT●FF／4WD●281.4万～334.7万円

デリカD：5 ……三菱

超ロングセラー。古さも愛されポイントか

2020年末に雨滴感応オートワイパーの装備、ステアリングヒーターの採用などの小変更を行なったデリカD：5。デビューは何と2007年だから、15年目となる超ロングセラーである。

古さを感じさせないわけではないが、古いからってダメなわけじゃない。考えてみれば往年のデリカ・スペースギアはアウトドア界では未だに信奉者が多いクルマだし、その前のスターワゴンなどもはやプレミアがつく伝説級の存在である。デリカというのはそんな風に時を超えて愛される、あるいは古くなるほど尊ばれる存在なのかもしれない。コールマンのビンテージのようなもの、だろうか？

このデリカD：5、生産は岐阜県にあるパジェロ製造で行なわれてきたが、2021年夏でパジェロ製造、惜しまれつつも閉鎖になってしまった。現在のデリカD：5は同社岡崎工場製である。

▶デリカD：5

●4800mm×1795mm×1875mm／2850mm／1930～1980kg●2267cc，直4DOHCディーゼルターボ，145PS／3500rpm，38.7kgm／2000rpm●8AT●4WD●391.4万～448.9万円

ミニバン

アルファード／ヴェルファイア……………トヨタ

ミニバンの枠超えた凄まじい売れっぷり

登場から6年が経ったというのに販売台数記録を更新中だというのだから、その売れ行きは本当に凄まじいものがある。かつてはイカツい顔で売れていたヴェルファイアがデザインを攻め過ぎたのか失速して、今はほとんどがアルファードとなるわけだが、ともかくこのサイズのミニバンが年間10万台超という、ほぼカローラと同等の台数を売っているのだから驚くばかりである。

ミニバン自体のブームは過ぎ去った感もあるが、このクルマがこれだけ売れているのは、ミニバンとして広さや使い勝手を求める人だけでなく、従来はクラウンの役割だった後席にＶＩＰを乗せるクルマとしても、あるいはマークX的なラグジュアリーカー、スペシャルティカー的な存在としても支持されているからだ。もはや単なる大型ミニバンではないのが、このアルファードだと言えるだろう。

実際、クルマとしてもそういう実力は備えている。当然ながらスペースは広く、人を乗せるにも荷物を載せるにも、これで困ることなどそうは無い。見た目は賛否が分かれるところだろうが、個人的には押し出しの強さを競うこと自体に興味は無いものの、よく出来ているとは思っている。くすぐるものがある、という意味で。

内装は細部を見ると決して高級とまでは言えないが、トヨタ車らしく見映えはうまく作ってある。そして肝心な走りも、マイナーチェンジ以降は格段に良くなった。運転支援装備も充実しているし、そもそもスクエアな形状のボディなのでサイズの割に取り回しに難儀することもないというのも、人気の要因なんだろうと思う。

シートレイアウトはいくつも用意されていて、グレード展開も豊富。３５９・７万円から買えてこの内容と来れば、安いと言いたくなってしまう。ここまでやられてしまってはライバルたちが戦意を喪失してしまうのも、まあ無理はないだろう。

▶アルファード

●4945（4950） mm ×1850mm×1950（1935）mm／3000mm／1920～2240kg●①2493cc，直4DOHC，152PS／5700rpm，21.0kgm／4400-4800rpm，フロントモーター：交流同期電動機，105kW（143PS），27.5kgm（リアモーター：交流同期電動機，50kW（68PS），14.2kgm）②3456cc，V6DOHC，301PS／6600rpm，36.8kgm／4600-4700rpm③2493cc，直4DOHC，182PS／6000rpm，24.0kgm／4100rpm●8AT／CVT●FF／4WD●359.7万～775.2万円

エルグランド……日産

日産はまだやる気アリ。次期型は期待できるか

登場10年にしてフロントマスクの変更、室内への大型ディスプレイの搭載、シートの改良等々、可能な限りの変更を行なったマイナーチェンジでも、さすがに販売がグンと上向きになったりはしていないが、しかし日産がこのセグメントを諦めていないということは伝わった。そもそも初代エルグランドが開拓した市場である。忸怩(じくじ)たる思いもあるだろう。

エリシオンを吸収したオデッセイも退場してしまい、今やライバルはアルファードだけ。さすがにその実力、ブランド力は簡単には凌駕(りょうが)できないだろうが、しかし市場が大きく、またアルファードばかりじゃユーザーも飽きるだろうなどと考えれば、日産にもまだチャンスはあるように思う。実は内田社長と懇談している時にもそんな話が出たのだが、思った以上に意欲的という印象だった。次のエルグランド、ちょっと期待したい気持ちである。

▶エルグランド

●4965(4975)mm×1850mm×1815mm/3000mm/1930〜2080kg●①3498cc,V6DOHC, 280PS/6400rpm, 35.1kgm/4400rpm②2488cc, 直4DOHC, 170PS/5600rpm, 25.0kgm/3900rpm●CVT●FF/4WD●369.5万〜535.2万円

カテゴリー総評

［ミニバン］ライフステージカーからの脱却が鍵

ミニバンの退潮は、子育て世代の絶対数が減っていることを考えれば当然と言える。ミニバンはライフスタイルカーではなくライフステージカーなのだということは、かねてから記している通りである。

一方で、三菱デリカD：5のように趣味性で購入するユーザーが多いモデルの販売は順調だし、相変わらず超絶人気のアルファードも、ミニバンの枠組みではなくスペシャルティカーあるいはラグジュアリーカーとして括った方が、その理由をよく理解できる。まあ、つまりこれらはライフスタイルカーなのだと言うことができるだろう。

そんなこのカテゴリーの一番のニュースが、残念ながらバッドニュースの方だが、ホンダ・オデッセイの販売終了である。大幅改良を受けた直後の発表だけに面食らった人も多いと思う。狭山工場の閉鎖は当初から予定されていただけに計画通りなのだろうが、購入したユーザーの気持ち、もう少し慮ってもよかった。

一方、同じ狭山で作られていたステップワゴンは販売が継続される。正式な発表は無いが、年明けに登場する新型から寄居工場での生産になるのだろう。

とは言え、そのステップワゴンも現行モデルは不振に終わったわけだが、これも結局はライフステージカーになってしまっていることが理由ではないだろうか。初代ステップワゴンは洗練されたデザインや乗用車的な走りで、アウトドアを楽しむ若い層などにもアピールした。しかし現行モデルのファミリー向けの宣伝など見たら、若いユーザーは手を出さないだろう。次期型の成否は、どっちのクルマとして仕立てられているかに掛かっていると私は思う。

さて、そんな中でも日産は10年選手のエルグランドをまだ残している。大型ミニバン市場、全部がアルファードではつまらないと感じる人は少なからず居るはずだから、やりようによってはチャンスである。魅力的な新型を検討してくれると嬉しいのだが、どうだろうか。

PART 4

車種別徹底批評［外国車］

＊各車のサイズ、エンジン性能、価格等を写真の下に表記した。
表記されているどの情報も、原則として2021年11月現在のものである。
価格は消費税込みの車両本体価格を1000円未満四捨五入で表記した。
●【全長】×【全幅】×【全高】／【ホイールベース】／【車両重量】●①【総排気量】，【エンジン形式，ヴァルブ形式】，【最高出力】／【回転数】，【最大トルク】／【回転数】，②……　●【トランスミッション形式】●【駆動形式】●【価格帯】
ハイブリッド車（HV）、プラグインハイブリッド車（PHEV）、電気自動車（EV）、燃料電池車（FCV）などについては適宜、モーターの形式と出力、電池容量、水素タンク容量、航続距離などの情報も記した。

＊著者主宰のYouTubeチャンネル「Ride Now」と連動し、論評する車種の試乗動画を閲覧できるようにした。掲載のQRコードをスマートフォンなどでスキャンすると動画が見られる。

Ride Now https://www.youtube.com/c/RideNow

メルセデス・ベンツCクラス ……ドイツ

電動化もMBUXも採用。進化の幅大きい

1982年に登場した190シリーズからその歴史が始まったメルセデス・ベンツCクラスは、いわゆる欧州Dセグメントとして分類されるカテゴリーで、常に先行するBMW3シリーズを追いかける存在だった。しかしながらここ日本では、4世代目となる先代で遂に立場が逆転。登場2年目の2015年から2019年まで4年連続でクラストップの販売台数を記録するに至ったという。

そんなわけで期待も大きいに違いない新型Cクラス。W206の形式名が与えられた5世代目がいよいよ導入となった。

先代と同じく、その外装デザインはSクラスとの血縁を強く感じさせるが、決して縮小コピーというわけではない。ノーズの長さが強調されたFRらしさを前面に出したフォルムは、端的に言ってもっとスポーティな印象だ。サイズは一段と大きくなって全長、実に4755㎜に。AMGラインでは4785㎜にも達する。一方、全幅は10㎜増の1820㎜に何とか留められた。

残念なのは、遂にスリーポインテッドスターをフード上に据えた〝エレガンス顔〟が廃止になったことだ。スポーティなものは上品なものがあるから引き立つし、スポーティばかりだと絶対それではイヤという人が出てくると思うのだが。ちなみにSクラスは、今もフード先端にマークがそびえ立っている。

縦型の11・9インチメディアディスプレイを中央に据えたインテリアも、最新のメルセデス・モード。実はコレ、Sクラスと違ってドライバー側に6度傾けて設置されているのは、やはりパーソナルカーとしての位置付けを鮮明にするためだろう。先代は導入タイミングの狭間にあって、マイナーチェンジ後の後期型でも大画面を2枚並べたワイドスクリーンコクピットや自然発話での音声入力操作が可能なMBUXは備わらなかった。それだけに新型は一気に2世代分進化したような感覚である。

▶メルセデスベンツ C クラス

●4755(4785)mm×1820mm×1435(1438)mm/2865mm/1660～1790kg●①1496cc，直4DOHCターボ，204PS/5800-6100rpm，30.6kgm/1800-4000rpm，モーター:交流同期電動機，15kW(20.4PS)，21.2(20.4)kgm②1993cc，直4DOHCディーゼルターボ，200PS/4200rpm，44.9kgm/1800- 2800rpm，モーター:交流同期電動機，15kW(20.4PS)，21.2kgm●9AT●FR/4WD●651万～682万円

サイズが大きくなった分、しっかり室内は広くなっている。肘や肩まわりの余裕が増しているし、後席レッグスペースも更に拡大された。まあでもやはり、大きくなっているのだから当たり前だ。

パワートレインは6気筒が遂に姿を消し、全車マイルドハイブリッド化された。エンジンはC200が従来と同じ…と思いきや、実は新設計の1・5Lガソリンターボ。C220dが2・0Lディーゼルターボで、いずれも9速ATと一体化されたISGが組み合わされる。

走りはスムーズさを増している。C200ではISGの21・2kgmへのトルクアップにより低速域の余裕が高まり、エンジンとの引き継ぎもより滑らかになった。回生を行なうブレーキのタッチも改善されて、ギクシャク感から開放されている。

一方、初めて電気モーターが追加されたC220dは元々44・9kgmもあるエンジンにISGが加勢するだけにモリモリと湧き上がるトルクが強力で、思わず頬が緩んだ。

乗り味も格段に洗練された印象だ。特に17インチタイヤを履く標準仕様のしっとりとした足さばきは、ちょっとうっとりしてしまうほどである。

一方、オプションのAMGラインを選ぶと、18インチタイヤと締め上げられたサスペンションのおかげで、ハーシュネスが路面によってはかなりキツめに出る。しかしながら、こちらは後輪を最大2・5度操舵する新採用のリアアクスルステアリングのおかげで軽快に良く曲がり、ワインディングロードが楽しいから悩ましい。

そのインテリアやMBUXを見ても分かるように、今のこのブランドは決して保守的なわけではなく、だからこそ台数を伸ばしてきたのも事実。そのあたりもよく分かっているからこそ、いかにもなものとアグレッシヴなものに、キャラクターをしっかり分けてきたに違いない。どちらを選ぶかはメルセデス・ベンツに何を求めるかで変わってくるだろうが、どちらも紛れもなく今のCクラス、紛れもなくメルセデス・ベンツである。

アウディe-tron GT …………ドイツ

妖艶な姿、しなやかな走りに惚れた

かねてから電動化の方針を表明していたアウディは2021年6月に、2026年以降の新型車はすべてBEVとし、2033年には内燃エンジンを搭載した車両の製造を終了するという戦略を発表した。もっとも、そこに「中国市場は除く」と書かれてはいるのだが、ともあれ今後数年間でラインナップは大きく変わってくることになりそうだ。

そんなアウディのBEV第二弾として投入されたのは、4ドアクーペのその名もe-tron GT（イートロン・ジーティー）。かつてのR8のような新たなブランドアイコンとして期待しているという意欲作は、ポルシェ・タイカンと共通のJ1と呼ばれるプラットフォームから生み出された。

その特徴は床一面にバッテリーを敷き詰めるのではなく、後席足元の部分にフットボックスと呼ばれる隙間を設けていること。e-tron GTもタイカンも全高の非常に低い美しいシルエットとなっているのは、そのおかげである。電気モーターは前後合わせて2基を搭載し、リアには発進加速と燃費の両立のために2段ギアボックスが備えられる。

そう、その美しいデザインがまずはe-tron GT、惹きつけるポイントである。低くワイドなだけでなく、ホイールベースは2900㎜と長く、その代わりにオーバーハングは短く抑えられている。クワトロ・ブリスターフェンダーと呼ばれる隆起したフェンダーラインも相まって、近年のアウディで一番と言っていい妖艶な姿を形作っている。タイカンとは似ているようで、ちゃんと別物。ハッチバックではなくセダンとなるが、A5&A7スポーツバックあたりにも通じるエレガンスが、しっかり踏襲されているのだ。

そしてステアリングを握っても、やはり、しっかりアウディである。e-tron GTクワトロはローンチコントロール使用時で最高出力530PS、最大トルク65・3kgmという凄まじいスペックを誇

るのだが、全開で踏まない限りはドーンと蹴飛ばされるように加速するわけではなく、アクセル操作に対してリニアにパワーが盛り上がっていくフィーリングに仕立てられている。

フットワークも同様で、低重心、優れた前後重量配分、ワイドトレッドといったディメンションに高いボディ剛性と、車重が嵩（かさ）むこと以外は素性は悪くない。おかげでフットワークはどのエンジンを積むアウディより軽快感がある。

その上でサスペンションはしなやかに躾（しつ）けられ、おそらくはブッシュ類なども硬すぎない設定なのだろう。乗り心地は非常に質が高く滑らか。スポーツカーのタイカンに対して、まさに車名通りのスポーツＧＴのｅ－ｔｒｏｎ ＧＴと、しっかり分けられている。正直、この走りには大いに惚れてしまった。

もし手に入れるならば、前向きに検討したいのがオプションのレザーフリーパッケージだ。シート地、カーペットなどに本革を使用せずリサイクル材を用いたインテリアは、清廉なラグジュアリーといった趣で居心地が良い。30万円という価格はちょっとなと思うが、まあ何だか気分がいいのも確かなのだ。

バッテリー容量は93・4kWhで、航続距離はＷＬＴＣモードで５３４kmと十分。いや、実際には今の充電インフラの状況ではどれだけあっても十分とは言い切れないが、アウディジャパンは全１２５店舗のうちｅ－ｔｒｏｎ取り扱い店舗を１０２店舗まで増やし、ここには最大１５０kWの急速充電器を設置していく予定だというから、ハードルは多少は低くなるだろうか。それでも誰にでもお勧めとは言わないが、使用環境がマッチしてそろそろＢＥＶもと考えている人は、ｅ－ｔｒｏｎ ＧＴクワトロを候補に入れておくべきだろう。このスタイリッシュさ含め、私にとっては現在選択できるＢＥＶの中で、もっとも気に入った1台である。

尚、ラインナップには最高出力６４６PSの高性能版、ＲＳ ｅ－ｔｒｏｎ ＧＴも用意されている。内燃エンジン車であれＢＥＶであれ、一番のヤツをという人はこちらを。変わらず、完成度は上々である。

外国車

▶アウディ e-tron GT

●4990mm×1965mm×1415mm／2900mm／2280kg●①フロントモーター:175kW(238PS), リアモーター:320kW(435PS), システム出力:390kW(530PS), 65.3kgm, 電池容量:93.4kWh, 航続距離:534km②フロントモーター:175kW(238PS), リアモーター:335kW(456PS), システム出力:475kW(646PS), 84.7kgm, 電池容量:93.4kWh, 航続距離:534km●フロント1速／リア2速●4WD●1399万〜1799万円

巻末付録

車種別採点簿

現在、国内で販売されている国産車と最新の外国車を評価項目別に10点満点で採点した。いずれもカテゴリーごとの相対評価とお考えいただきたい。ただし、「安全性」に関しては安全装備に基準を設けて採点した。以下に採点基準を記す。

加点項目	標準装備の場合	オプション設定の場合
サイド／カーテンエアバッグ	＋2点	＋1点
緊急自動ブレーキ	＋2点	＋1点
ACC（定速走行・車間距離制御装置）	30㎞/h以下の前車追従と渋滞での完全停止対応で＋2点／それ以外は＋1点	
車線維持支援／逸脱警報	＋1点	
センサー付き誤発進防止装置（発進時に障害物を検知して出力抑制や自動ブレーキを作動）	＋1点	
リアトラフィックアラート（微速後退中に後方の動体の接近を検知し、警告または自動ブレーキを作動）	＋1点	
プリクラッシュシートベルト（急ブレーキ連動でシートベルトを引き込む）または歩行者エアバッグのいずれか	＋1点	

減点項目	標準装備でない場合
全席ヘッドレスト	−2点

「パッケージング」とは装置の配置などを工夫して空間を有効に利用できているかを評価したものである。

クルマの価値は社会の状況、競合車の進化によって変化していくものである。したがって、今回の高得点車が次回も高得点を取るとは限らない。以上を踏まえたうえで、クルマ選びの参考にしていただければと思う。

※価格は原則として2021年11月現在の消費税込みの東京地区車両価格。

車種 ＼ 評価項目	東京地区標準価格（単位：万円）	デザイン	走りの楽しさ	快適性	パッケージング	エコ性能	安全性	魅力度	寸評	総合評価
第1特集　ホンダはどうなるのか？										
NSXタイプS	2794.0	9	10	7	8	7	2	9	最後に辿り着いたNSXの究極の姿	9
シビック	319.0～354.0	9	9	8	7	7	9	8	久々、クラスレスな雰囲気のシビックが登場	8
ヴェゼル	227.9～329.9	8	8	9	10	8	9	8	大胆な変身も説得力大アリ。走りの質も高い	8
N-BOX	142.9～215.3	7	7	8	10	7	6	7	軽自動車の枠では語れない完成度	8
S660	203.2～315.0	10	9	5	9	6	4	10	残念な生産終了。BEV化に期待しようか	9
第2特集　スポーツカー大国ニッポン										
GR86	279.9～351.2	8	10	7	8	7	8	10	トヨタからこんな〝やんちゃ〟なクルマが出るとは	10
BRZ	308.0～343.2	8	9	8	8	7	8	9	落ち着いた内外装色が欲しくなる	9
WRX S4	400.4～477.4	6	8	7	7	3	10	8	全身、かなり気合いの入った進化	8

GRヤリス	265・0～456・0	7	10	6	9	6	7	10	すべての手触りが本物。そろそろ改良との情報も	10
コペンGRスポーツ	238・0～243・5	4	8	6	7	8	2	7	軽自動車でもしっかりGRテイストに仕上がっている	7
マツダ・ロードスター	260・2～333・4	9	9	7	10	7	6	10	マイナーチェンジ間近。噂の軽量モデルに期待	9
スープラ	499・5～731・3	6	9	8	8	4	8	7	走りの質は格段に上がった。MTがほしい	7
RC	576・9～730・7	7	9	8	6	8	8	9	RC Fは現在唯一の〝F〟なのだ	8
LC	1327・0～1500・0	10	10	7	9	4	7	10	LC500ならコンバーチブル、LC500hならクーペがイイ	8
GT-R	1082・8～1788・2	5	9	7	8	4	1	9	まだまだ終わりとせず進化した姿を見せてほしい	7
第3特集 やっぱりVWゴルフ										
VWゴルフ	295・9～381・1	7	10	10	7	9	8	10	いまだやはり乗用車のベンチマークに君臨	10
VWゴルフヴァリアント	310・1～395・3	6	9	10	7	9	8	9	室内は広くなったが〝ゴルフ感〟がやや薄めに	8
コンパクトカー										
パッソ	126・5～190・3	4	2	3	5	7	5	2	よく出来た軽自動車を見ると買う理由が見つけにくい	3
ソリオ	151・6～214・8	5	3	5	8	7	6	5	競争に翻弄されて良さがスポイルされてしまった	5

車種	東京地区標準価格（単位：万円）	デザイン	走りの楽しさ	快適性	パッケージング	エコ性能	安全性	魅力度	寸評	総合評価
ルーミー	155.7～209.0	4	2	5	8	4	7	4	車重のせいか燃費は非常に良くない。向上は急務	5
スイフト	137.7～214.1	7	9	6	6	8	7	8	改めてスイフト・スポーツの存在の大きさに感心	8
ヤリス	139.5～252.2	6	8	7	9	9	8	9	軽快な走りっぷりで単なる移動も小気味良い	9
フィット	155.8～259.2	5	7	9	10	8	8	8	可愛さ狙いの外装、簡素な内装などデザインに不満	8
ノート	203.0～279.6	7	9	8	9	8	9	9	単品オプションの選択肢を増やしてほしい	9
ノート・オーラ	261.0～296.8	9	9	8	9	8	9	10	内外装のコーディネートがとにかく見事！	10
アクア	198.0～259.8	7	8	9	7	9	9	10	HEVの良さを活かしたプレミアムコンパクトカー	10
マツダ2	145.9～249.2	7	7	7	6	8	9	7	小改良で確実に進化を続けていることに好感	6
SUV										
ロッキー	166.7～234.7	6	4	5	7	7	9	7	e-スマートハイブリッドの今後には期待大	6

車種	価格								コメント	
ヤリスクロス	179.8～281.5	8	7	8	8	9	8	8	走りも実用性も隙無し。実は4WDの走破性も高い	8
CX-3	189.2～321.2	6	6	6	4	7	9	5	低価格モデルが出て違う魅力が出てきた	5
キックス	276.0～287.0	7	7	7	8	8	9	7	e-POWER 4WDの設定を一刻も早く！	7
C-HR	238.2～314.5	7	5	8	5	8	9	5	走りの魅力が薄まって、存在感も薄くなった	7
UX	397.3～635.0	7	8	8	9	9	9	7	UX300eのBEVの特質を生かした上質な走りがイイ	7
CX-30	239.3～303.1	10	9	8	9	6	9	9	スタイリングと実用性の両立ぶりが高次元	9
MX-30	242.0～495.0	9	10	8	8	7	9	8	電気モーター駆動がマツダらしい走りを際立たせている	9
カローラクロス	199.9～319.9	7	9	9	7	8	9	9	あらゆる面で普通のレベルが高い	10
XV	220.0～292.6	7	7	7	6	7	10	8	アイサイトと4WDで冬の遠出が楽しい	8
エクリプスクロス	253.1～451.0	5	8	6	7	8	9	6	さすが三菱らしく駆動力制御がマニアック	6
CX-5	267.9～407.6	8	7	7	6	7	9	7	マイナーチェンジで新たな魅力が加わった	8
RAV4	277.4～539.0	9	7	7	7	9	9	9	今やこういうクルマこそがクラスレスなのかも	9
CR-V	336.2～455.8	5	8	9	9	8	8	7	いいクルマなのに価格とグレードの設定が惜しい	7

車種	東京地区標準価格（単位：万円）	デザイン	走りの楽しさ	快適性	パッケージング	エコ性能	安全性	魅力度	寸評	総合評価
フォレスター	293・7～330・0	5	8	7	8	6	10	8	スバルらしい実直なマイナーチェンジ	8
NX	455・0～738・0	8	9	9	7	9	9	9	レクサスの新章という走りに期待	8
アウトランダーPHEV	462・1～532・1	6	7	8	9	9	9	7	パッケージングと走行性能、価格は好バランス	7
ハリアー	299・0～504・0	9	8	9	7	8	9	10	〝スタイリッシュなSUV〟のまさにド真ん中	9
CX-8	299・4～483・5	9	8	8	8	8	9	9	この存在感とクオリティはコスパが高い	9
RX	524・0～796・0	8	7	9	7	8	8	8	今狙うならば2タイプの特別仕様車がいい	7
ランドクルーザー	510・0～800・0	7	10	9	9	4	9	10	このクルマじゃなければという魅力が確かにある	10
セダン・ワゴン1										
シャトル	180・8～277・2	4	5	6	10	7	6	7	パッケージングは唯一無二。新型はあるか？	5
カローラ・セダン	193・6～294・8	8	8	8	7	8	9	8	除電シートの効果は驚くほど。正式採用を望みたい	8

車名	価格								コメント	総合
マツダ3	222・1〜368・8	10	10	9	7	6	9	10	ハッとするほどのスタイリッシュな存在感は変わらず	9
インプレッサ	200・2〜292・6	6	8	7	7	5	10	7	そろそろアップデートをお願いしたい	7
プリウス	259・7〜364・0	6	6	8	7	7	9	6	次期型が一体どこに向かうのかは気になるところ	7
プリウスPHV	338・3〜401・0	7	8	8	6	10	9	9	魅力が今ひとつ浸透しなかったのが惜しい	9
インサイト	335・5〜372・9	8	7	7	8	8	8	8	スタイリッシュな魅力をもっと推してもいい	8
BEV・FCEV										
ホンダe	451・0〜495・0	9	9	9	10	10	9	9	存在感は際立つが早くも役目を終えてしまった感	9
リーフ	332・6〜499・8	6	7	7	7	7	9	7	BEV=エコだけじゃないと教えてくれるNISMOがイイ	6
アリア	539・0〜790・0	9	8	9	9	7	9	8	デザイン、パッケージングは半歩先の未来を行く	8
クラリティ	599〜783・6	2	8	9	8	8	8	6	デザインが足を引っ張った感アリ。次期FCEVに期待	5
MIRAI	710・0〜860・0	7	9	9	10	10	10	9	アドバンスト・ドライブ付きの走りはまさに未来感覚	8
セダン・ワゴン2										
レヴォーグ	310・2〜477・4	7	10	10	8	5	10	10	STIスポーツRも良かったが全車、燃費は要改善だ	10

車種	東京地区標準価格（単位：万円）	デザイン	走りの楽しさ	快適性	パッケージング	エコ性能	安全性	魅力度	寸評	総合評価
アコード	465.0	7	8	9	8	8	8	5	内装色が黒しかなくなったことにガッカリ	6
カムリ	348.5～467.2	6	7	9	6	8	9	7	今年も地道にしっかり改良されている	6
レガシィ・アウトバック	414.7～429	7	／	／	8	5	10	9	日本車に数少ないライフスタイルカー	8
ES	599.0～715.0	8	7	7	6	8	9	7	プレミアム観をアップデートしたいところ	7
IS	480.0～650.0	10	9	8	9	8	8	10	思わず惹きつけられる美しさ。IS500導入を望む	10
スカイライン	435.4～644.5	8	8	6	6	7	10	10	エンジンの400Rかプロパイロット2.0のGTか	8
クラウン	489.9～739.3	6	6	8	7	8	10	6	次は殻を打ち破ったモデルになるのを期待	5
LS	1071.0～1731.0	9	7	9	6	8	9	8	今から乗るならアドバンスト・ドライブ付きを	8
軽自動車										
タント	124.3～202.4	4	2	3	9	6	8	5	「もっといいクルマを作ろうよ」と言いたい	3

ワゴンRスマイル	129・7〜171・6	2	3	6	7	8	9	6	悪い出来ではないがワゴンRでもない	4
C+pod	165・0〜171・6	6	7	7	8	9	3	7	トヨタらしい走り味になれば更に魅力が増しそう	7
ミニバン										
シエンタ	181・9〜258・0	10	7	6	8	8	4	9	意外や古くならないデザインの魅力	8
フリード	199・8〜304・0	6	7	7	10	7	6	8	HEVだけ2モーターにしてくれればまだイケる	8
セレナ	257・6〜380・9	6	6	6	8	8	8	8	更に安全装備が充実。モデルライフは長くなりそうだ	7
ステップワゴン	271・5〜364・1	4	7	8	8	8	7	6	次は家族向けで押すかライフスタイル商品になるか?	6
ヴォクシー	281・4〜334・7	5	5	5	8	8	5	7	ロングライフとなったのは高い実力のおかげだ	6
デリカD:5	391・4〜448・9	7	8	7	6	8	9	8	驚異のロングセラーだがそれも納得の独自性	8
アルファード	359・7〜775・2	5	7	8	7	8	9	9	ミニバンではなくアルファードというカテゴリー	8
エルグランド	369・5〜535・2	4	7	8	6	5	9	7	もうひとつの選択肢としてチャンスありでは?	7
外国車										
メルセデスベンツCクラス	651・0〜682・0	8	8	9	6	7	8	8	ちゃんと〝今〟のメルセデスになっている	8

評価項目	車種
	アウディ e-tronGT
東京地区標準価格（単位：万円）	1399・0〜1799・0
デザイン	10
走りの楽しさ	10
快適性	10
パッケージング	8
エコ性能	8
安全性	9
魅力度	9
寸評	BEVの利点を活かしアウディらしさを究めている
総合評価	10

●写真提供

宮門秀行（p.15　岡部宏二郎氏近影）

●お知らせ

◎次号『2023年版間違いだらけのクルマ選び』は2022年12月に刊行の予定です。

◎草思社webサイトの『間違いだらけ』特設ページでは1976年と77年に刊行の『間違いだらけのクルマ選び』正篇・続篇を無料公開、最新刊の情報も提供しています。また、twitterやfacebookページでも関連情報を随時お知らせしています。こちらもご覧ください。

特設ページ	http://www.soshisha.com/car/
twitterアカウント	@machigaidarake
facebookページ	http://goo.gl/AVpu8

著者略歴――――

島下泰久 しました・やすひさ

1972年神奈川県生まれ。立教大学法学部卒。国際派モータージャーナリストとして自動車、経済、ファッションなど幅広いメディアへ寄稿するほか、講演やイベント出演なども行なう。2021-2022 日本カー・オブ・ザ・イヤー選考委員。『間違いだらけのクルマ選び』を2011年から徳大寺有恒氏とともに、そして2016年版からは単独で執筆する。YouTubeチャンネル「RIDE NOW -Smart Mobility Review-」の主宰など更に活動範囲を広げている。

2022年版
間違いだらけのクルマ選び

2021年12月29日 第1刷発行

著　者　島下泰久
イラスト　綿谷　寛
装幀者　Malpu Design(清水良洋)
発行者　藤田　博
発行所　株式会社 草思社
〒160-0022　東京都新宿区新宿1-10-1
電話　営業 03(4580)7676　編集 03(4580)7680

印刷所　中央精版印刷 株式会社
製本所　中央精版印刷 株式会社

ISBN978-4-7942-2553-5 Printed in Japan 検印省略